高职高专药学类专业实训教材

生物化学实训

主 编 闫 波 杜 江

副主编 陈传平 陶文娟 胡 伟

编 者 （以姓氏笔画为序）

闫 波 （安徽医学高等专科学校）

刘 韧 （合肥天星医药有限公司）

杜 江 （合肥职业技术学院）

胡 伟 （安徽医科大学第二附属医院）

陶文娟 （安徽中医药高等专科学校）

陈传平 （皖西卫生职业学院）

戴寒晶 （安徽医学高等专科学校）

东南大学出版社
SOUTHEAST UNIVERSITY PRESS
·南京·

图书在版编目(CIP)数据

生物化学实训 / 闫波，杜江主编. — 南京 ：东南
大学出版社，2013.7
高职高专药学类专业实训教材 / 王润霞主编
ISBN 978 - 7 - 5641 - 4404 - 3

Ⅰ. ①生… Ⅱ. ①闫… ②杜… Ⅲ. ①生物化学－高
等职业教育－教材 Ⅳ. ①Q5

中国版本图书馆 CIP 数据核字(2013)第 160410 号

生物化学实训

出版发行	东南大学出版社
出 版 人	江建中
社 址	南京市四牌楼 2 号
邮 编	210096
经 销	江苏省新华书店
印 刷	丹阳兴华印刷厂
开 本	787 mm×1 092 mm 1/16
印 张	5.25
字 数	128 千字
版 次	2013 年 7 月第 1 版 2013 年 7 月第 1 次印刷
书 号	ISBN 978 - 7 - 5641 - 4404 - 3
定 价	15.00 元

＊本社图书若有印装质量问题，请直接与营销部联系，电话：025—83791830。

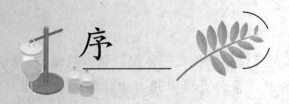

序

　　《教育部关于"十二五"职业教育教材建设的若干意见》（教职成〔2012〕9号）文中指出："加强教材建设是提高职业教育人才培养质量的关键环节，职业教育教材是全面实施素质教育，按照德育为先、能力为重、全面发展、系统培养的要求，培养学生职业道德、职业技能、就业创业和继续学习能力的重要载体。加强教材建设是深化职业教育教学改革的有效途径，推进人才培养模式改革的重要条件，推动中高职协调发展的基础工程，对促进现代化职业教育体系建设、切实提高职业教育人才培养质量具有十分重要的作用。"按照教育部的指示精神，在安徽省教育厅的领导下，安徽省示范性高等职业技术院校合作委员会（A联盟）医药卫生类专业协作组组织全省10余所有关院校编写了《高职高专药学类实训系列教材》（共16本）和《高职高专护理类实训系列教材》（13本），旨在改革高职高专药学类专业和护理类专业人才培养模式，加强对学生实践能力和职业技能的培养，使学生毕业后能够很快地适应生产岗位和护理岗位的工作。

　　这两套实训教材的共同特点是：

　　1. 吸收了相关行业企业人员参加编写，体现行业发展要求，与职业标准和岗位要求对接，行业特点鲜明。

　　2. 根据生产企业典型产品的生产流程设计实验项目。每个项目的选取严格参照职业岗位标准，每个项目在实施过程中模拟职场化。护理专业实训分基础护理和专业护理，每项护理操作严格按照护理操作规程进行。

　　3. 每个项目以某一操作技术为核心，以基础技能和拓展技能为依托，整合教学内容，使内容编排有利于实施以项目导向为引领的实训教学改革，从而强化了学生的职业能力和自主学习能力。

　　4. 每本书在编写过程中，为了实现理论与实践有效地结合，使之更具有实践性，还邀请深度合作的制药公司、药物研究所、药物试验基地和具有丰富临床护理经验的行业专家参加指导和编写。

5. 这两套实训教材融合实训要求和岗位标准使之一体化，"教、学、做"相结合。在具体安排实训时，可根据各个学校的教学条件灵活采用书中体验式教学模式组织实训教学，使学生在"做中学"，在"学中做"；也可按照实训操作任务，以案例式教学模式组织教学。

成功组织出版这两套教材是我们通过编写教材促进高职教育改革、提高教学质量的一次尝试，也是安徽省高职教育分类管理和抱团发展的一项改革成果。我们相信通过这次教材的出版将会大大推动高职教育改革，提高实训质量，提高教师的实训水平。由于编写成套的实训教材是我们的首次尝试，一定存在许多不足之处，希望使用这两套实训教材的广大师生和读者给予批评指正，我们会根据读者的意见和行业发展的需要及时组织修订，不断提高教材质量。

在教材编写过程中，安徽省教育厅的领导给予了具体指导和帮助，A联盟成员各学校及其他兄弟院校、东南大学出版社都给予大力支持，在此一并表示诚挚的谢意。

安徽省示范性高等职业技术院校合作委员会

医药卫生协作组

前　言

　　为了服务于高职高专医药卫生类药学专业高素质技能型人才的培养,适应现代社会对药学人才岗位能力和职业素质的需要,安徽省 A 联盟医药卫生类专业协作组组织编写了药学专业系列实训教材。根据 A 联盟医药卫生类专业协作组的要求我们组织编写了《生物化学实训》。

　　《生物化学实训》编写的基本指导思想是坚持以能力为本,紧密围绕药学及其相关专业人才培养目标,按照药学及其相关专业的特点,筛选了十五个实验实训项目,在"三基五性"的基础上更加突出可操作性,使之成为与药学及其相关专业相适应的实践教学课程体系。

　　与国内其他实训教材相比,本实训教材的特色有:

　　1. 实训项目过程图表化。在每个实训项目中以图表代替文字说明,更有利于教师的讲解和学生学习,尤其是一些器材的操作过程,通过图表的形式更能使抽象的内容具体化。

　　2. 每个实训项目后附有评分标准。在实训项目后附加评分标准使得教师在实验考核上有章可循,突显可操作性。

　　3. 实训项目的前后具有预习及思考题。通过这种形式的安排可以将实训和理论相结合,相得益彰。

　　本教材适合于高职高专药学及其相关专业、医学检验技术等专业使用。

　　参与本教材编写的人员均来自于教学、临床及企业一线人员,通晓药学及其相关专业的特点。尽管我们为本教材能更好地适应教学需要做了很大的努力,但效果如何还有待检验,恳请广大师生提出宝贵意见,以便日后修订。

编　者

2013 年 5 月

目 录

实训一　微量移液器的使用

实训预习

1. 预习微量移液器的发展及其结构特点。
2. 预习微量移液器的种类和吸样原理。

实训目的

1. 掌握微量移液器的使用方法。
2. 熟悉微量移液器使用过程中的注意事项。
3. 了解微量移液器的基本结构。

实训内容

一、实训相关知识

微量移液器是一种移取微量液体的新型实验工具,微量移液器相对其他液体吸取工具(量筒、移液管)具有快速、准确、微量等特点。常见类型有手动单道、手动多道、电动单道、电动多道。实验室中常用的多为手动单通道(图 1-1)。

手动单通道　手动多通道　　　电动单通道 电动多通道

图 1-1　常见的微量移液器

常用的手动单通道移液器的量程有 0.1～1 μl、0.5～10 μl、2～20 μl、5～50 μl、10～100 μl、20～200 μl、25～250 μl、100～1 000 μl、500～5 000 μl 等多种,使用时根据需要选择最佳的量程。微量移液器的结构包括主体部分(塑料外壳)、调节部分(取液及刻度调节按钮)、褪管部分(卸吸头按钮)和吸嘴(吸嘴另配)。

二、实训步骤

正确的手持姿势是使用好微量移液器的前提和基础,一般以右手持移液器,呈握状,大拇指按压刻度调节按钮(图1-2)。

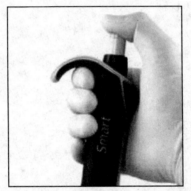

图1-2 微量移液器的正确拿法

微量移液器的使用步骤包括:吸头的安装、容量设定、预洗吸头、吸液、放液、卸去吸头及还原。

1. 吸头的选择及安装 不同量程的微量吸液器其吸头不完全相同,使用时首先要选择合适的吸头。正确的安装方法叫旋转安装法。其具体方法是:把移液器顶端插入吸头(无论是散装吸头还是盒装吸头都一样),在轻轻用力下压的同时,左右微微转动,上紧即可(图1-3)。

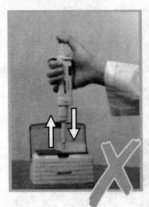

图1-3 微量移液器吸头的安装

切记用力不能过猛,更不能采取剁吸头的方法来进行安装,因为这样会导致移液器的内部配件(如弹簧)因敲击产生的瞬时撞击力而变得松散,甚至会导致刻度调节旋钮卡住,严重情况下会将吸头折断。

2. 容量设定　调节微量移液器上端的调节杆即可调整到所需的容量,调节时若从大体积调节至小体积时,为正常调节法,调节到刚好就行;若从小体积调节至大体积时,就需要先调节超过设定体积的刻度,再回调至设定体积,可保证最佳的精确度(图1－4)。

从大到小的调节　　从小到大的调节

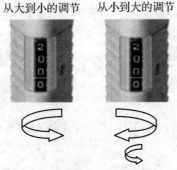

图1－4　微量移液器容量的设定

3. 预洗吸头　安装了新的吸头或增加了容量值以后,应该把需要转移的液体吸取、排放2～3次,这样做是为了让吸头内壁形成一道同质液膜,确保移液工作的精度和准度,使整个移液过程具有极高的重现性。

在吸取有机溶剂或高挥发液体时,挥发性气体会在吸头内形成负压,从而产生漏液的情况,这时需要我们预洗4～6次,让吸头内的气体达到饱和,负压就会自动消失。

黏稠液体可以通过吸头预润湿的方式来达到精确移液,先吸入样液,打出,吸头内壁会吸附一层液体,使表面吸附达到饱和,然后再吸入样液,最后打出液体的体积会很精确。

4. 吸液　先将移液器排放按钮按至第一停点,再将吸头垂直浸入液面,浸入的深度为:P2、P10≤1 mm;P20、P100、P200≤2 mm;P1000≤3 mm;P5ML、P10ML≤4 mm;吸液后平稳松开按钮,切记不能过快。

5. 放液　放液时,吸头紧贴容器壁,先将排放按钮按至第一停点,略停顿1～2秒后,再按至第二停点,这样做可以保证吸头内无残留液体。

6. 卸掉吸头　轻按卸吸头按钮,即可将吸头卸下,卸掉的吸头一定不能和新吸头混放,以免产生交叉污染。

7. 微量移液器的还原　微量移液器使用完毕后应当将量程调至最大后放置原位,让弹簧恢复原形,延长移液器的使用寿命。

三、实训注意事项

1. 吸液时,移液器本身不能倾斜。

2. 装配吸头时,不能用力过猛,导致吸头难以脱卸。

3. 不能平放带有残余液体吸头的移液器。

4. 不能用大量程的移液器移取小体积样品。

5. 移液器不得移取有腐蚀性的溶液,如强酸、强碱等。

6. 如有液体进入吸头,应及时擦干。

7. 移液器应轻拿轻放。

8. 定期对移液器进行校准。

四、实训用物

$100 \sim 500 \mu l$ 微量移液器 1 把、配套吸头若干、试管 2 支、试管架一个,血清 1 ml。

五、实训要点

按照上述操作方法分别移取 $100 \mu l$ 和 $500 \mu l$ 血清至所备试管中,注意移液器的拿法、移液姿势及相关的注意事项。

 思考题

1. 若微量移液器的吸头浸入液面的深度过大会对吸样产生什么影响?

2. 吸液过程中若移液器发生倾斜会对吸液量产生什么影响?

 知识拓展

　　微量移液器有多种型号,在一般实验室中比较常用的为手动单通道移液器,有些实验室需要使用多通道移液器。多通道移液器通常为8通道或12通道,与8×12＝96孔微孔板一致。多通道移液器的使用不但可减少实验操作人员的加样操作次数,而且可提高加样的精密度。电子移液器和分配器为半自动加样系统,电子移液器最大的优点是其具有很高的加样重复性,应用范围广。

 考核评分标准

【微量移液器使用评分标准】

班级:　　　　姓名:　　　　学号:　　　　得分:

项　目		分值	操作实施要点	得分
课前素质要求(6分)		6	着装整洁并穿白大褂,有实训预习报告	
操作过程	操作前准备(8分)	4	微量移液器的检查:结构完整,吸头配套	
		4	其他物品准备:齐全、完好(如果缺少未报告扣1分)	
	操作中(60分)	4	手持微量移液器正确	
		4	正确安装吸头	
		4	正确调节吸液量100 μl	
		12	持移液器,保持移液器垂直,预洗吸头三次	
		12	将移液器排放按钮按至第一停点,再将吸头进入待吸液,注意浸入深度,然后缓慢放开大拇指,完成吸样	
		12	将吸头紧贴放液试管壁,先将排放按钮按至第一停点,略停顿1～2秒后,再按至第二停点,完成放液	
		4	轻按卸吸头按钮,将吸头卸入废液缸内	
		4	将量程调至最大后放置原位	
		4	将移液器量程调至500 μl,同上步骤再完成一次	
	操作后整理(6分)	6	台面整理,仪器清洗	
评价(20分)		20	态度认真,姿势自然,操作流畅	
总　分		100		

(闫　波)

实训二　721型分光光度计的使用

实训预习

1. 预习721型分光光度计的结构特点。
2. 预习郎伯－比耳定律基本知识。

实训目的

1. 掌握721型分光光度计的使用方法。
2. 熟悉721型分光光度计使用过程中的注意事项。
3. 了解721型分光光度计的基本结构。

实训内容

一、实训相关知识

　　721型分光光度计采用经典的光路系统和精良的制造工艺,使测试精度及稳定性达到较高水平,广泛适用于医药、生物、冶金、化工、机械、农业、环保、教学等行业和领域。该仪器也是食品厂、饮用水厂进行QS认证的必备检验设备。其具体结构如图2－1所示。

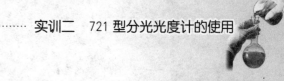

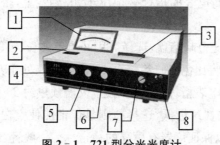

图 2 - 1　721 型分光光度计

1——读数表盘；2——波长显示窗；3——比色暗盒；4——波长调节旋钮；5——调零旋钮；

6——调 100% 旋钮；7——灵敏度调节旋钮；8——电源开关及指示灯

使用 721 型分光光度计时需配套相应的比色皿，根据比色皿光径可分为 0.5 cm、1 cm、2 cm、3 cm、4 cm、5 cm 六种规格，依据实际需要选择使用，一般以 0.5 cm、1 cm 两种最为常用。根据其材质可分为石英、玻璃及塑料三种，以石英材质的为最好(图 2 - 2)。

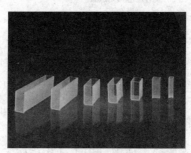

图 2 - 2　721 型分光光度计比色皿

二、实训原理

溶液中的物质在光的照射下，产生对光吸收的效应，物质对光的吸收具有选择性，各种不同物质都具有各自的吸收光谱，因此当某单色光通过溶液时，其能量就会被吸收而减弱，光能量减弱的程度和物质的浓度有一定的比例关系，符合郎伯—比耳定律，即：$T = I/I_0$、$\log I_0/I = KCL$、$A = KCL$；当入射光、吸光系数和溶液的光径长度不变时，透过光是根据溶液的浓度而变化的。通过测定吸光度就可得出被测溶液的浓度。

三、实训用物

721 型分光光度计、蒸馏水、0.4 mmol/L 高锰酸钾溶液、擦镜纸等。

四、实训步骤

1. 使用前先检查仪器的安全性、电源线接线是否正确、各个调节旋钮的起始位置是否正确、干燥剂是否干燥等。

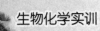

2. 仪器尚未接通电源时,电表的指针必须位于"0"刻线上,否则可用电表上的校正螺丝进行调节。

3. 接通电源开关,打开比色暗箱盖,选择需用的单色波长,灵敏度选择参照步骤4,调节"0"电位器使用电表指"0",然后将比色皿暗箱盖合上,比色皿座处于蒸馏水校正位置,使光电管受光,旋转调"100％"电位器使电表指针到满度附近,仪器预热约20分钟。

4. 放大器灵敏度有五挡,"1"最低,选择原则是保证能使空白挡良好调到"100"的情况下,尽可能采用灵敏度较低挡,以保证仪器有更高的稳定性。一般置"1"挡,灵敏度不够时再逐渐升高,但改变灵敏度后须按步骤3重新校正"0"和"100％"。

5. 预热后,将参比溶液(蒸馏水)及0.4 mmol/L高锰酸钾溶液倒入比色皿中,按顺序依次放在比色架上,按步骤3连续几次调整"0"和"100％",即可以进行测定工作。

6. 轻轻拉动拉杆,使高锰酸钾溶液通过光路,同时记录下相应吸光度值。

7. 比色完成后,取出比色皿逐一清洗后晾干并放置原处。

8. 关闭电源,拔下电源插头,盖好防尘设施。

五、实训注意事项

1. 如果大幅度改变测试波长时,在调整"0"和"100％"后稍等片刻(钨灯在急剧改变亮度后需要一段热平衡时间),当指针稳定后重新调整"0"和"100％"即可工作。

2. 根据溶液含量的不同可以酌情选用不同规格光径长度的比色皿,目的是使电表读数处于0.8消光值之内。

3. 721型分光光度计为精密仪器。使用过程中动作应轻柔,以免损坏。

4. 比色皿在使用过程中不能触及其光面,以免比色出现误差。

5. 仪器工作几个月或搬动后,要检查波长准确性等方面,以确保仪器的使用和测定的准确。

 思考题

1. 为什么每次使用721型分光光度计都要调"0"和"100％"?

2. 如何避免在使用721型分光光度计时产生的干扰?

 **知识拓展**

　　721型分光光度计是分光光度计中最基本的一种类型,除721型以外,还有722型、751型、752型等等。此外,其他类型的分光光度计还有原子吸收分光光度计、荧光分光光度计、紫外分光光度计、红外分光光度计等,广泛应用于药物分析、理化检验、临床检验、食品检验以及教学等各方面。

 考核评分标准

【721型分光光度计的使用考核评价标准】

班级:　　　　　姓名:　　　　　学号:　　　　　得分:

项　目		分值	操作实施要点	得分
课前素质要求(6分)		6	白大衣穿戴整洁,态度端正,遵守规章制度,有实训预习报告	
操作过程	操作前准备(8分)	4	721型分光光度计正确开机预热,比色皿配套	
		4	其他物品准备:齐全、完好	
	操作中(60分)	6	正确调节波长和灵敏度	
		20	手持比色皿正确,倒液量合理,擦拭比色皿正确,放置于比色架正确	
		6	正确调"0"和调"100%"	
		4	做到反复调节	
		12	拉动拉杆,比色步骤及读数正确,记录实验数据	
		12	取出比色皿,清洗并收藏,正确关机	
	操作后整理(6分)	6	台面整理,使用器材放回原位	
评价(20分)		20	态度认真、姿势自然,操作流畅	
总　分		100		

(胡　伟)

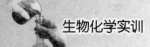

实训三　血清蛋白电泳技术

实训预习

1. 预习等电点等生化知识。
2. 预习蛋白质的分类。

实训目的

1. 掌握醋酸纤维薄膜电泳法对血清蛋白的分类。
2. 熟悉醋酸纤维薄膜电泳过程中的注意事项。
3. 了解电泳仪及血清蛋白电泳的意义。

实训内容

一、实训相关知识

血清蛋白电泳是目前临床常用的蛋白分离技术,该技术主要借助于蛋白电泳仪和醋酸纤维薄膜将血清蛋白进行分离。电泳仪如图 3-1 所示。

图 3-1　蛋白电泳仪及电泳槽

二、实训原理

血清中各种蛋白质分子都有它特定的等电点,在等电点时,蛋白质分子所带正负电荷量相等,呈现电中性。在 pH＝8.6 缓冲液中,血浆中几乎所有蛋白质分子均形成带负电荷的质点,在电场中向正极泳动。由于血清中各种蛋白质的等电点不同,所带电荷量有差异,加上相对分子质量不同,所以在同一电场中泳动速度不同,可以区分出 5 条主要区带:从正极端起依次为清蛋白、α_1-球蛋白、α_2-球蛋白、β-球蛋白及 γ-球蛋白,它们的相对分子质量及等电点见表 3-1。

表 3-1 血清蛋白各组分的相对分子质量及等电点

蛋白组分	相对分子质量	等电点
清蛋白	66 248	4.8
α_1-球蛋白	130 000	5.0
α_2-球蛋白	200 000	5.0
β-球蛋白	1 300 000	5.12
γ-球蛋白	1 500 000	6.8～7.3

三、实训用物

1. 电泳仪 选用晶体管整流的稳压稳流电源,电压 0～600 V,电流 0～300 mA。

2. 电泳槽 选购适合醋酸纤维素薄膜(以下简称醋纤膜)的电泳槽,电泳槽的膜面空间与醋纤维膜面积之比为 5 cm^3/cm^2,电极用铂(白金)丝。

3. 血清加样器 可用微量吸管(10 μl,分度 0.5 μl)或专用的电泳血清加样器。

4. 721(722)型分光光度计。

5. 醋酸纤维素薄膜 质量要求,应是质匀、孔细、吸水性强、染料吸附少、蛋白区带分离鲜明,对蛋白染色稳定和电渗"拖尾"轻微者为好,规格为 2 cm×8 cm。各实验室可根据自己的需要选购。

四、实训试剂

1. 巴比妥-巴比妥钠缓冲液(pH8.6±0.1,离子强度 0.06) 称取巴比妥 2.21 g,巴比妥钠12.36 g 放入 500 ml 蒸馏水中,加热溶解,待冷至室温后,再用蒸馏水补足至 1 L。

2. 染色液 氨基黑 lOB 染色液:称取氨基黑 lOB 0.1 g,溶于无水乙醇 20 ml 中,加冰醋酸5.0 ml,甘油 0.5 ml,使溶解。另取磺基水杨酸 2.5 g,溶于 74.5 ml 蒸馏水中。再将两种溶液混合摇匀。

3. 漂洗液 甲醇 45 ml、冰醋酸 5 ml 和蒸馏水 50 ml,混匀。适用于氨基黑 lOB 染色的

漂洗。

    4. 0.4 mol/L 氢氧化钠溶液。

五、实训步骤

    1. 将缓冲液加入电泳槽内,调节两侧槽内的缓冲液,使其在同一水平面。

    2. 醋纤膜的准备　取醋纤膜(2 cm×8 cm)一张,在毛面的一端(负极侧)1.5 cm 处,用铅笔轻画一横线,作点样标记,编号后,将醋纤膜置于巴比妥-巴比妥钠缓冲液中浸泡,待充分浸透后取出(一般约 20 min),夹于洁净滤纸中间,吸去多余的缓冲液。

    3. 将醋纤膜毛面向上贴于电泳槽的支架上拉直,用微量吸管吸取无溶血清在横线处沿横线加 3~5 μl。样品应与膜的边缘保持一定距离,以免电泳图谱中蛋白区带变形,待血清渗入膜后,反转醋纤膜,使光面朝上平直地贴于电泳槽的支架上,用双层滤纸或 4 层纱布将膜的两端与缓冲液连通,稍待片刻。

    4. 接通电源　注意醋纤膜上的正、负极,切勿接错。电压 90~150 V,电流 0.4~0.6 mA/cm 宽(不同的电泳仪所需电压、电流可能不同,应灵活掌握),夏季通电 45 分钟,冬季通电 60 分钟,待电泳区带展开 25~35 mm,即可关闭电源。

    5. 染色　通电完毕,取下薄膜直接浸于氨基黑 lOB 染色液中,染色 5~10 分钟(以白蛋白带染透为止),然后在漂洗液中漂去剩余染料,直至背景无色为止。

    6. 定量　将漂洗净的薄膜吸干,剪下各染色的蛋白区带放入相应的试管内,在白蛋白管内加 0.4 mol/L 氢氧化钠 6 ml(计算时吸光度乘以 2),其余各加 3 ml,振摇数次,置 37 ℃水箱 20 分钟,使其染料浸出。氨基黑 lOB 染色用分光光度计,在 600~620 nm 处读取各管吸光度,然后计算出各自的含量(在醋纤膜的无蛋白质区带部分,剪一条与白蛋白区带宽度的膜条,作为空白对照)。

    7. 结果计算　各组分蛋白(％)$= \dfrac{A_X}{A_T} \times 100\%$

$$各组分蛋白(％)= \dfrac{各组分蛋白百分数\%}{100} \times 血清总蛋白(g/L)$$

式中:A_X 表示各组分蛋白吸光度;A_T 表示各组分吸光度总和。

六、实训注意事项

    1. 每次电泳时应交换电极,可使两侧电泳槽内缓冲液的正、负离子相互交换,缓冲液的 pH 维持在一定水平。然而,每次使用薄膜的数量可能不等,所以缓冲液经 10 次使用后,应将缓冲液弃去。

    2. 电泳槽缓冲液的液面要保持一定高度,过低可能会增加 γ 球蛋白的电渗现象(向阴极移动)。同时电泳槽两侧的液面应保持同一水平面,否则,通过薄膜时有虹吸现象,将会影响蛋白分子的泳动速度。

    3. 电泳失败的原因　①电泳图谱不整齐:点样不均匀,薄膜未完全浸透或温度过高致使膜面局部干燥或水分蒸发、缓冲液变质;电泳时薄膜放置不正确,使电流方向不平行。②蛋白各组分分离不佳:点样过多、电流过低、薄膜结构过分细密、透水性差、导电差等。③染色后白蛋白中间着色浅:由于染色时间不足或染色液陈旧所致;若因蛋白含量高引起,可减少血清用量或延长染色时间,一般以延长 2 分钟为宜。若时间过长,球蛋白百分比上升,A/G 比值会下降。

思考题

1. 电泳后,泳动在最前面的是何种蛋白质?各谱带为何种成分?请分析原因。

2. 电泳时,点样端置于电场的正极还是负极,为什么?

知识拓展

血清蛋白醋酸纤维素薄膜电泳,通常可分离出 Alb ,α_1-球蛋白、α_2-球蛋白、β-球蛋白、γ-球蛋白5个组分。正常人血清中各种蛋白质浓度的差别较大,所以在许多疾病时仅表现出轻微变化,往往没有特异的临床诊断价值。脐带血、胎儿血清及部分原发性肝癌患者的血清,在清蛋白与 α_1-球蛋白之间增加一条甲胎蛋白带。肝脏疾病、肾脏疾病等常见几种疾病时电泳分析结果可有较显著的变化。

考核评分标准

【721型分光光度计的使用考核评价标准】

班级：　　　　　姓名：　　　　　学号：　　　　　　　得分：

项　目		分值	操作实施要点	得分
课前素质要求(6分)		6	按时上课,着装整洁并穿白大褂,有实训预习报告	
操作过程	操作前准备(8分)	4	电泳仪和电泳槽的检查:结构完整,电极正确	
		4	其他物品准备:齐全、完好	
	操作中(60分)	6	醋纤膜准备正确,并能正确浸泡	
		4	点样正确	
		4	放置于电泳槽时能正确放置	
		6	正确设置电压、电流及电泳时间	
		4	染色时间把握合理,染色充分	
		4	洗涤脱色干净	
		14	电泳条带清晰,没有明显的拖尾	
		6	裁剪得当,能将条带完全脱色	
		12	比色定量操作合理,计算公式正确	
	操作后整理(6分)	6	台面整理,关闭仪器,物品归位	
评价(20分)		20	态度认真,姿势自然,操作流畅	
总　分		100		

(刘　韧)

实训四　核酸的提取和鉴定

实训预习

1. 预习核酸的组成成分。
2. 预习离心机使用的注意事项。

实训目的

1. 通过实验进一步掌握核酸的基本组成。
2. 熟悉吸量管、离心机、匀浆器的使用。
3. 了解动物组织中核酸提取的基本原理、方法及核酸的鉴定方法。

实训内容

一、实训相关知识

　　核酸是具有复杂结构和重要功能的生物大分子,包括脱氧核糖核酸(DNA)和核糖核酸(RNA)两种,DNA 主要集中在细胞核中,RNA 则主要存在于细胞质中。在生物细胞中,核酸是以与蛋白质结合形成核蛋白的形式存在。核酸是生命遗传的分子基础,生物体遗传信息复制的模板,是蛋白质合成不可缺少的物质。利用核酸的某些理化性质可以从细胞中提取出核酸,核酸完全水解后产生碱基(嘌呤、嘧啶)、戊糖(核糖或脱氧核糖)和磷酸的混合物,这些分解物可以经实验加以鉴定。

二、实训原理

　　动物组织细胞中的 DNA 和 RNA 大部分与蛋白质结合成核蛋白而存在。因此在提取核酸时基本遵循这样的步骤:首先破碎细胞,分离核蛋白,再去除脂质,提取出核酸的粗产物。根据这样的原则,先往破碎的细胞液中加入三氯醋酸使蛋白质发生变性而沉淀,和蛋白质结合的核酸同时沉淀,离心后得到蛋白质和核酸及脂类等的混合物。脂类物质易溶于乙醇,用95％乙醇加热除去附着在沉淀上的脂类杂质。再用10％NaCl溶液使核酸与蛋白质分离,因为在高盐溶液中蛋白质可盐析沉淀析出,这样提取出核酸的钠盐。最后利用核酸不溶于乙醇的性质,加入乙醇使核酸钠沉淀析出。

利用硫酸将DNA和RNA水解成碱基(嘌呤、嘧啶)、戊糖(核糖或脱氧核糖)和磷酸,通过如下的方法鉴定这三类化合物。

1. 戊糖的鉴定

(1) 核糖:核糖与浓盐酸共热生成糠醛,后者可与3,5-二羟甲基苯缩合成绿色化合物,此反应需三氯化铁或氯化铜作催化剂。

(2) 脱氧核糖:脱氧核糖在强酸环境中加热,可生成ω-羟基-γ-酮基戊醛,后者再与二苯胺作用生成蓝色化合物。

2. 磷酸的鉴定　磷酸与钼酸铵作用生成磷钼酸,后者在还原剂作用下形成蓝色的钼蓝。常用的还原剂有氨基苯磺酸、氯化亚锡、维生素C等。

$$H_3PO_4 + 12H_2MoO_4 \longrightarrow H_3PO_4 \cdot 12MoO_3 + 12H_2O$$

$$H_3PO_4 \cdot 12MoO_3 \xrightarrow{\text{还原剂}} H_3PO_4 \cdot 6MoO_3 \cdot 3Mo_2O_5(\text{蓝色})$$

3. 嘌呤碱的鉴定　嘌呤与硝酸银作用生成灰褐色絮状嘌呤银化合物沉淀,加入氨水沉淀不溶解。

三、实训用物

1. 试剂

(1) 5％硫酸溶液。

(2) 1％的三氯醋酸溶液:取1 g三氯醋酸溶解于100 ml蒸馏水。

（3）95％乙醇。

（4）10％NaCl 溶液：取 10 g NaCl 溶于蒸馏水后，加蒸馏水至 100 ml。

（5）浓氨水。

（6）5％硝酸银溶液。

（7）钼酸试剂：称取钼酸铵 5 g，溶于 100 ml 蒸馏水中，再加入浓硫酸 15 ml 待冷却后加蒸馏水定容至 500 ml，此试剂可置阴凉处保存一个月。

（8）地衣酚试剂：称取 100 mg 3,5-二羟甲基苯，加入浓盐酸 100 ml，再加 100 mg 三氯化铁，溶解后冷藏。此试剂应在临用前配制。

（9）二苯胺试剂：称取纯二苯胺 1 g 溶于 100 ml 冰醋酸中，加入 2.75 ml 浓硫酸，贮于棕色瓶中，冷藏。此试剂需临用前配制。

（10）3％维生素 C：称取维生素 C 3 g 溶于 5％三氯醋酸 100 ml 中（维生素 C 为洁白色，如泛黄则说明已氧化变质不能使用）。

（11）蒸馏水

2. 器材　剪刀、匀浆器、吸量管、吸耳球、带塞刻度离心管、低速离心机、玻璃棒、吸管、恒温水浴箱、滤纸、试管、试管架、滴管、记号笔。

四、实训步骤

1. **核酸的提取**

（1）处死小鼠后立即解剖取肝，剪碎后置于匀浆器加等量生理盐水，制成肝匀浆。

（2）取 5 ml 肝匀浆液加入带塞刻度离心管中，并加入 5 ml 1％的三氯醋酸溶液，用玻璃棒充分将其混匀，3 000 r/min 离心 5 分钟，弃上清。

（3）于沉淀中加 95％乙醇 5 ml，玻璃棒搅拌均匀，在沸水浴中煮沸 2 分钟。冷却后以 3 000 r/min 离心 5 分钟，弃上清。

（4）将离心管倒置于滤纸上，倒干乙醇。于沉淀中再加 10％NaCl 溶液 4 ml，置沸水浴中 5 分钟，并用玻璃棒不断搅拌，取出。冷却后再以 3 000 r/min 离心 5 分钟。

（5）将上清液倒入另一离心管中，再离心一次，除去可能存在的微量残渣，将上清液倒入一干净离心管中。

（6）取等量的 95％乙醇，逐滴加入到上清液中，即可见白色沉淀逐渐出现。静置 10 分钟后，3 000 r/min 离心 5 分钟，弃上清，所得白色沉淀即为核酸钠。

2. **核酸的水解**　在有核酸沉淀的离心管中加入蒸馏水 2 ml。振摇至沉淀溶解后，加入 5％硫酸溶液 3 ml，玻璃棒搅拌均匀。于沸水浴中加热 10 分钟，即得核酸水解液，冷却后进行下列鉴定试验。

3. **核酸的鉴定**

（1）嘌呤碱的鉴定：取试管 2 支，标号，按表 4-1 操作：

表 4-1 嘌呤碱的鉴定

试管	核酸水解液	5%硫酸溶液	5%硝酸银	浓氨水
1	10 滴	—	5 滴	10 滴
2	—	10 滴	5 滴	10 滴

混匀,于沸水浴中加热 5 分钟,观察变化,静置,观察沉淀的颜色变化。

(2)脱氧核糖的鉴定:取试管 2 支,标号,按表 4-2 操作:

表 4-2 脱氧核糖的鉴定

试管	核酸水解液	5%硫酸溶液	二苯胺试剂
1	10 滴	—	20 滴
2	—	10 滴	20 滴

混匀,于沸水浴中加热 5 分钟后观察两管颜色的变化。

(3)核糖的鉴定:取试管 2 支,标号,按表 4-3 操作:

表 4-3 核糖的鉴定

试管	核酸水解液	5%硫酸溶液	地衣酚试剂
1	10 滴	—	15 滴
2	—	10 滴	15 滴

混匀,于沸水浴加热 5 分钟后观察两管颜色的变化。

(4)磷酸的鉴定:取试管 2 支,标号,按表 4-4 操作:

表 4-4 磷酸的鉴定

试管	核酸水解液	5%硫酸溶液	钼酸试剂	3%维生素 C
1	10 滴	—	5 滴	5 滴
2	—	10 滴	5 滴	5 滴

混匀,于沸水浴中加热 5 分钟后观察两管颜色的变化。

五、实训注意事项

1. 肝匀浆一定要制备彻底,使细胞彻底破坏。

2. 核蛋白在水溶液和各种电解质溶液中有一定的溶解度,所以研磨会损失一部分核酸。因此应避免加入大量水进行研磨,以减少核蛋白的溶解。

3. 转移上清时可用吸管吸取,但要注意不要吸取到沉淀或吹散沉淀。

4. 离心管需平衡后对称放入离心机,离心机运转过程中不得随意打开机盖(图 4-1)。启动后,如有不正常噪音或震动,立即切断电源,分析原因,排除故障。

5. 离心后注意上清和沉淀的取舍。

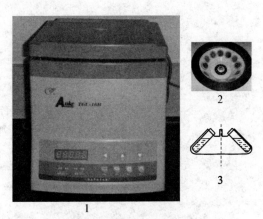

图 4-1 离心机的使用

1——小型离心机;2——离心管需对称放置;

3——离心管内液体不宜太多

1. 离心机的使用中需要注意哪些问题?

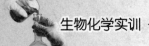
2. DNA 和 RNA 在分子组成上有何异同?

知识拓展

　　生物大分子主要是指蛋白质(包括酶)和核酸,这些物质是生命活动的物质基础。研究生物大分子结构与功能是探求生命奥秘的重要内容,这就必须首先要制备生物大分子。核酸存在于细胞内,因此在制备核酸和提取细胞内及多细胞生物组织中的蛋白质需首先破碎细胞。细胞破碎的方法有机械法、物理法和化学法,机械法包括匀浆、捣碎和研磨等方式;物理法包括超声、反复冻融、冷热交替和低渗裂解等方式;化学法包括有机溶剂、表面活性剂、酶解等方式,根据所用的样品选择合适的方法。要制备纯度较高的生物大分子,需要一定的分离纯化方法和技术才能获取。常用的方法和技术有:沉淀法、吸附层析、凝胶过滤层析、离子交换层析、亲和层析、离心法、快速制备型液相色谱以及等电聚焦制备电泳等。

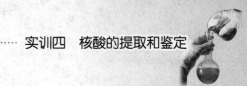

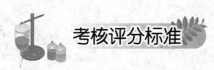 考核评分标准

【核酸的提取和鉴定评分标准】

班级： 姓名： 学号： 得分：

项　目		分值	操作实施要点	得分
课前素质要求(6分)		6	白大衣穿戴整洁,态度端正,准时进入赛场,有实训预习报告	
操作过程	操作前准备(8分)	8	低速离心机,刻度离心管等实验用物品准备齐全、完好	
	操作中(60分)	15	正确使用匀浆器制备肝匀浆,匀浆细致	
		10	正确使用吸量管吸取溶液	
		12	正确使用离心机,平衡并对称放置离心管	
		5	正确取舍上清和沉淀	
		12	正确使用滴管滴加溶液	
		6	试管进行了标记	
	操作后整理(6分)	6	台面清洁,所用物品排放整齐,离心管、试管等清洗干净	
评价(20分)		20	态度认真,主动思考,姿势自然,操作流畅	
总　分		100		

（戴寒晶）

实训五　维生素 C 的测定

实训预习

1. 预习与维生素 C 相关的理论知识。
2. 微量滴定管使用的注意事项。

实训目标

1. 掌握生物化学的基本操作技术。
2. 熟悉本实验的基本原理。
3. 了解维生素 C 的生理功能。

实训内容

一、实训相关知识

　　维生素 C 又称 L-抗坏血酸,是一种水溶性维生素,为无色片状晶体,味酸,不耐热,在碱性溶液中极不稳定,烹饪不当会导致维生素 C 大量丢失。维生素 C 在日光照射后易被氧化破坏,干燥条件下较为稳定。因此维生素 C 制剂应置于干燥、阴凉避光处保存。

　　维生素 C 主要存在于新鲜水果及蔬菜中,特别是辣椒、鲜枣、苦瓜、甘蓝、番茄、猕猴桃、柑橘、柠檬等食品中含量尤为丰富。植物中含有的抗坏血酸氧化酶催化抗坏血酸的氧化分解,故贮存过久的蔬菜和水果中的维生素 C 可遭到破坏而使其营养价值降低。

　　维生素 C 在体内参与多种反应,如氧化还原反应、羟化反应,可预防癌症、中风、动脉硬化,保护牙齿和牙龈,可用于治疗坏血病、治疗贫血,可改善变态反应、刺激免疫系统、提高机体免疫力,是维持人体健康不可缺少的一种维生素。

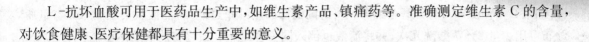

　　L-抗坏血酸可用于医药品生产中,如维生素产品、镇痛药等。准确测定维生素 C 的含量,对饮食健康、医疗保健都具有十分重要的意义。

二、实训原理

　　维生素 C 具有很强的还原性。它可分为还原型和氧化型(脱氢型)。人体内抗坏血酸氧化酶即可催化维生素 C 氧化为氧化型。染料 2,6-二氯酚靛酚(DCPIP,分子式为 $NaOC_6H_4NC_6H_2OCl_2$)在中性或碱性溶液中呈蓝色,在酸性溶液中则呈淡粉红色,被还原后红色消失。还原型抗坏血酸能还原 2,6-二氯酚靛酚呈无色,本身则转变为氧化型。因此,利用此染料在酸性条件下滴定维生素 C 时,维生素 C 未全部被氧化前,则滴下的染料立即被还原成无色。而当溶液中的维生素 C 全部被氧化时,则滴下的染料立即使溶液变成淡粉红色。所以,滴定的溶液从无色变成微红色时即表示溶液中的维生素 C 刚刚全部被氧化,此时即为滴定终点。如无其他杂质干扰,依据滴定时 2,6-二氯酚靛酚溶液的消耗量,可以计算出被测样品中还原型抗坏血酸的含量。

维生素 C (还原型)	2,6-二氯酚靛酚 (氧化型,粉红色)	维生素 C (氧化型)	2,6-二氯酚靛酚 (还原型)

三、实训用物

1. 试剂

(1) 2%草酸溶液:称取 2 g 草酸溶于 100 ml 蒸馏水中。

(2) 1%草酸溶液:称取 1 g 草酸溶于 100 ml 蒸馏水中。

(3) 标准抗坏血酸溶液(1 mg/ml):称取 100 mg 纯抗坏血酸(应为洁白色,如泛黄色则不能用)溶于 1%草酸溶液中,并稀释至 100 ml,贮于棕色瓶中,4 ℃冷藏备用。临用前配制。

(4) 0.1%2,6-二氯酚靛酚溶液:将 250 mg 2,6-二氯酚靛酚溶于 150 ml 含有 52 mg $NaHCO_3$ 的热水中,冷却后加水稀释至 250 ml,贮于棕色瓶中,4 ℃冷藏可保存一周,如超过一周需重新配制。

2. 材料　新鲜蔬菜或水果。

3. 器材　研钵、漏斗、纱布、容量瓶、吸量管、吸耳球、微量滴定管、烧杯。

四、实训步骤

1. 提取　将整株新鲜蔬菜或整个新鲜水果用水洗干净,吸干表面水分。称取 10 g 放入研钵,加入 2‰ 草酸 10 ml,研磨至细碎。将研碎的样品用纱布过滤,将滤液收集至 50 ml 容量瓶,纱布可用少量 2‰ 草酸洗几次,并将滤液也倒入同一容量瓶。最终将滤液总体积定容至 50 ml。

2. 标准液滴定　吸取标准抗坏血酸溶液 10 ml 置烧杯中,用微量滴定管以 0.1‰ 2,6 -二氯酚靛酚溶液滴定至溶液呈淡红色,并保持 15 秒不褪色,即达终点(图 5-1)。重复 2 次,对两次所用染料的体积数量取平均值。同时取 10 ml 1‰ 草酸作空白对照,按以上方法滴定。由所用染料的体积计算出 1 ml 染料相当于抗坏血酸的质量数。

$$1 \text{ ml 染料氧化抗坏血酸的质量} = \frac{\text{抗坏血酸浓度} \times \text{消耗抗坏血酸体积}}{\text{消耗染料体积}}$$

3. 样品滴定　吸取收集的滤液 10 ml 加入烧杯中,滴定方法同前。再取 10 ml 滤液,重复滴定 1 次,对两次所耗染料的体积数量取平均值。另取 10 ml 1‰ 草酸作空白对照进行滴定。

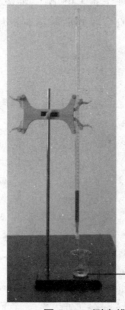

当烧杯中的溶液成为淡红色,且保持15秒不褪色,即为滴定终点

图 5-1　测定维生素 C 的滴定装置

4. 计算

$$\text{维生素 C 含量(mg/100 g 样品)} = \frac{(V_A - V_B) \times C \times T}{D \times W} \times 100$$

式中:

V_A:滴定滤液时所耗用的染料的平均体积数,ml;

V_B:滴定空白对照所耗用的染料的平均体积,ml;

C:样品提取液的总体积,即定容后的总体积,ml;

D:滴定时所取的样品提取液体积数,ml;

T:1 ml 染料能氧化抗坏血酸质量,g,mg;

W:待测样品的质量,g。

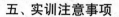

五、实训注意事项

1. 某些水果、蔬菜(如橘子、西红柿等)浆状物泡沫太多,可加数滴丁醇或辛醇。

2. 整个操作过程要迅速,防止还原型抗坏血酸被氧化。滴定过程一般不超过 2 分钟。滴定所用的染料不应小于 1 ml 或多于 4 ml,如果样品含维生素 C 太高或太低时,可酌情增减样液用量或改变提取液稀释度。

3. 提取的浆状物如不易过滤,可离心,留取上清液进行滴定。

4. 操作过程中避免与铜、铁接触,以减少维生素 C 的氧化。

5. 研磨时尽可能彻底,避免过滤后残留在纱布上,过滤后纱布尽量用少量 2% 草酸多洗几次以保证维生素 C 基本析出。

 思考题

1. 为了保证维生素 C 测定准确,实验过程中应注意哪些问题?

2. 为什么本实验中利用的是 2,6-二氯酚靛酚在酸性溶液中的颜色改变来测定维生素 C 而不是碱性环境?

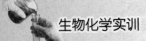

3. 简述维生素 C 的生理功用。

知识拓展

　　近年来报道的有关维生素 C 的测定方法主要有荧光法、2,6-二氯酚靛酚滴定法、2,4-二硝基苯肼法、光度分析法、化学发光法、电化学分析法及高效液相色谱法等。

　　本实验所使用的是 2,6-二氯酚靛酚滴定法,简便、快速、比较准确,适用于许多不同类型样品的分析。但是不能直接测定样品中的氧化型抗坏血酸及结合抗坏血酸的含量,易受其他还原物质的干扰。另外如果样品中含有色素类物质,将给滴定终点的观察造成困难。体液(如血液、尿等)中的抗坏血酸的测定比较困难,因为这些样品中抗坏血酸的含量很低,并且存在许多还原物质的干扰,还必须预先进行脱蛋白处理。体液中含有的巯基、亚硫酸盐及硫代硫酸盐等物质,都能与 2,6-二氯酚靛酚反应,但反应速度很慢。可以加入对-氯汞苯甲酸(PCMB)消除样品中巯基物质对定量测定的干扰。

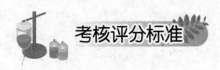 考核评分标准

维生素C的测定评分标准

班级：　　　　　姓名：　　　　　学号：　　　　　得分：

项　目		分值	操作实施要点	得分
课前素质要求(6分)		6	按时上课,着装整洁并穿白大褂,有实训预习报告	
操作过程	操作前准备(8分)	4	检查实验试剂是否足量	
		4	检查实验用品是否齐全,备好实验中所用器材	
	操作中(60分)	4	正确使用研钵研磨	
		4	过滤后用草酸溶液冲洗纱布收集滤液	
		6	定容数值精确	
		10	正确使用吸量管吸取溶液	
		10	正确使用微量滴定管滴加液体	
		4	滴定终止点把握确切	
		8	使用正确的计算公式	
		4	对实验现象进行真实准确的记录	
		10	结果计算,并能分析实验结果	
	操作后整理(6分)	6	台面整理,仪器清洗	
评价(20分)		20	态度认真,姿势自然,操作流畅	
总　分		100		

(戴寒晶)

27

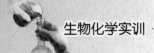

实训六　酶的催化特性

1. 预习与酶的催化特性相关的理论知识。
2. 预习滴管操作的基本要点及注意事项。

1. 通过实验现象加深对酶的催化特性的理解。
2. 掌握本实验的原理,了解酶学实验的设计。
3. 熟悉生物化学常用仪器的使用。

一、实训相关知识

酶是生物体内各种复杂的化学反应得以高效进行的最主要的催化剂。酶具有一般催化剂的特征,而作为蛋白质又具有一般催化剂所不具备的特点。这些特点包括:酶具有高度的催化效率,酶对其催化的底物有高度的专一性,酶具有高度的不稳定性,酶的催化活性具有可调节性。其中酶的专一性也称为酶的特异性,根据酶对底物选择的严格程度不同将酶的专一性分为三种。

1. 绝对专一性　一种酶只能催化一种底物进行一定的化学反应生成一定的产物。如脲酶只能催化尿素水解成 NH_3 和 CO_2,淀粉酶只能催化淀粉水解。

2. 相对专一性　一种酶能催化一类底物或一种化学键进行一定的反应,这种选择不太严格。如蛋白酶作用于蛋白质分子中的肽键,而不是针对某一种蛋白质,即不管此肽键是哪两种氨基酸之间形成的。

3. 立体异构专一性　当底物存在立体异构形式时,有些酶只对底物的某一种立体构型具有催化作用,而对其他立体构型不起作用。如人体内催化氨基酸代谢的酶仅作用于 L 型氨基酸,对 D 型氨基酸无作用。

二、实训原理

淀粉和蔗糖都是非还原性糖,淀粉被淀粉酶水解生成具有还原性的麦芽糖,蔗糖被蔗糖酶水解生成具有还原性的葡萄糖和果糖。还原性糖能使 Benedict 试剂中铜离子变为亚铜离子($Cu^{2+}→Cu^+$),生成砖红色的氧化亚铜(Cu_2O)沉淀。本实验利用唾液淀粉酶水解淀粉而不能水解蔗糖,蔗糖酶能水解蔗糖而不能水解淀粉的特性,通过试管中呈现的颜色变化来验证酶作用的专一性(图 6 - 1)。

淀粉被淀粉酶水解后,遇班氏试剂产生砖红色沉淀

淀粉酶不能水解蔗糖,试管中无颜色变化

图 6 - 1　颜色变化体现淀粉酶的专一性

三、实训用物

1. 试剂

(1) 1% 淀粉溶液:取可溶性淀粉 1 g,加 5 ml 蒸馏水,调成糊状,再加蒸馏水 80 ml,加热使其溶解,最后用蒸馏水稀释至 100 ml。

(2) 1% 蔗糖溶液:取 1 g 蔗糖,溶解于 100 ml 蒸馏水中。

(3) Benedict 试剂:将 17.3 g 结晶硫酸铜溶解于 100 ml 热的蒸馏水中,冷却后加水至 150 ml。另取柠檬酸钠 173 g 和无水碳酸钠 100 g,加蒸馏水 600 ml,加热使之溶解,冷却后加水至 850 ml。将硫酸铜溶液缓慢倒入柠檬酸钠-碳酸钠溶液中,混合即可,此试剂可长期贮存备用。

(4) 新鲜稀释唾液(操作者自制):先用蒸馏水漱口以除去食物残渣、清洁口腔,再含 20～

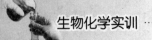

30 ml 蒸馏水,做咀嚼运动约 1 分钟后,吐出收集到烧杯中待用。

(5) 蔗糖酶溶液:取 1 g 干酵母放入研钵中,加少量蒸馏水和石英砂研磨,再加蒸馏水 50 ml,过滤得滤液备用。

(6) pH6.8 缓冲液:取 0.2 mol/L 磷酸氢二钠溶液 772 ml 和 0.1 mol/L 柠檬酸溶液 228 ml,二者混合后即可。

2. **器材** 试管、试管架、烧杯、试管夹、恒温水浴箱(37 ℃、100 ℃)、记号笔、滴管。

四、实训步骤

1. 淀粉酶的专一性

(1) 取 3 支试管,标号,按表 6-1 操作。

表 6-1 验证淀粉酶的专一性

试管	1%淀粉溶液	1%蔗糖溶液	蒸馏水	稀释唾液	pH=6.8 缓冲液
1	10 滴	—		20 滴	20 滴
2	—	10 滴	—	20 滴	20 滴
3	—	—	10 滴	20 滴	20 滴

(2) 混匀后,37 ℃水浴保温 10 分钟。

(3) 取出试管在每支试管中加入 Benedict 试剂各 20 滴,置沸水浴中煮沸 2～3 分钟,观察结果。

2. 蔗糖酶的专一性

(1) 取 3 支试管,标号,按表 6-2 操作。

表 6-2 验证蔗糖酶的专一性

试管	1%淀粉溶液	1%蔗糖溶液	蒸馏水	蔗糖酶溶液	pH6.8 缓冲液
1	10 滴	—	—	20 滴	20 滴
2		10 滴	—	20 滴	20 滴
3	—	—	10 滴	20 滴	20 滴

(2) 混匀后,37 ℃水浴保温 10 分钟。

(3) 取出试管,在每支试管中加入 Benedict 试剂各 20 滴,置沸水浴中煮沸 2～3 分钟,观察结果。

五、实训注意事项

1. 做好试管管号标记,以免弄混。

2. 所用试管应清洗干净,以免有杂质而影响实验效果。

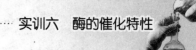

3. 正确使用滴管滴加试剂，保证加样量的准确性。同时注意避免混用滴管，以免造成试剂的污染。

 思考题

1. 为什么加入 Benedict 试剂后要进行煮沸？

2. 如果把唾液和蔗糖酶煮沸 5 分钟后再进行上述实验，会出现怎样的结果？

3. 上述实验中使用蒸馏水的目的是什么？

 **知识拓展**

常用的检验还原性糖的试剂除了 Benedict 试剂还有 Fehling 试剂，其配制方法是：将 36.4 g $CuSO_4 \cdot 5H_2O$ 溶于 200 ml 水中，加 0.5 ml 浓硫酸后，用水稀释到 500 ml；取 173 g 酒石酸钾钠、71 g NaOH 溶于 400 ml 水中，再稀释到 500 ml，使用时两溶液取等体积混合。因酒石酸有一定的还原性而自发地缓慢产生氧化亚铜沉淀，斐林试剂一般为现用现配，而 Benedict 试剂可长期保存。两种试剂的检验原理都是二价铜与醛基在沸水浴加热条件下反应而生成砖红色的沉淀，因此两者的反应现象相同。医学上常用此两种试剂检验糖尿病。

考核评分标准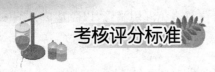

【酶的催化特性评分标准】

班级：　　　　姓名：　　　　学号：　　　　得分：

项　目		分值	操作实施要点	得分
课前素质要求(6分)		6	白大衣穿戴整洁,态度端正,准时进入赛场,有实训预习报告	
操作过程	操作前准备(8分)	8	检查实验试剂是否足量,检查实验用品是否齐全,备好实验中所用器材	
	操作中(60分)	20	正确制备稀释唾液	
		5	试管进行了标记	
		12	滴管使用方法正确,加量准确	
		5	无混用滴管现象	
		12	每管中试剂加完后混匀	
		6	把握好实验中不同步骤的时间	
	操作后整理(6分)	6	台面清洁,所用物品排放整齐,试管清洗干净	
评价(20分)		20	态度认真,主动思考,姿势自然,操作流畅	
总　分		100		

（戴寒晶）

实训七　影响酶活性的因素

实训预习

1. 预习酶催化作用的特点。
2. 预习影响酶促反应速度的因素。

实训目的

1. 掌握温度、pH、激活剂和抑制剂对酶活性的影响。
2. 熟悉温度、pH、激活剂和抑制剂对酶活性影响的实验原理。
3. 了解实验设计的对照原则。

实训内容

一、实训相关知识

唾液淀粉酶催化淀粉逐步水解为糊精与麦芽糖。碘与淀粉或糊精呈不同颜色反应。淀粉与碘呈蓝色;糊精依分子大小与碘可呈蓝色、紫色、暗褐色和红色;最小的糊精和麦芽糖与碘显示碘色。根据颜色反应可判断淀粉水解程度。

温度不同、pH 不同以及是否存在激活剂与抑制剂都将影响唾液淀粉酶的活性,也影响淀粉的水解程度。因此,本实验通过反应液与碘产生的颜色来判断淀粉水解的程度,了解温度、pH、激活剂与抑制剂对酶促作用的影响。

淀粉水解及遇碘呈色反应如下:

	淀粉 $\longrightarrow$	紫糊精 $\longrightarrow$	红糊精 $\longrightarrow$	无色糊精 $\longrightarrow$	麦芽糖
遇碘呈色	蓝色	紫色	红色	碘本色(黄)	碘本色(黄)

二、实训用物

1. 试剂

(1) 1%淀粉溶液:取 1 g 可溶性淀粉,加 5 ml 蒸馏水,调成糊状,再加蒸馏水 80 ml,加热,使其溶解,最后用蒸馏水稀释至 100 ml,冷藏备用。

(2) pH6.8 缓冲液:取 0.2 mol/L Na_2HPO_4 溶液 772 ml,0.1 mol/L 柠檬酸溶液228 ml,混合后即得。

(3) pH3.0 缓冲液:取 0.2 mol/L Na_2HPO_4 溶液 205 ml,0.1 mol/L 柠檬酸溶液795 ml,混合后即得。

(4) pH8.0 缓冲液:取 0.2 mol/L Na_2HPO_4 溶液 972 ml,0.1 mol/L 柠檬酸溶液28 ml,混合后即得。

(5) 0.9%NaCl 溶液(生理盐水)。

(6) 0.1%$CuSO_4$ 溶液。

(7) 0.1%Na_2SO_4 溶液。

(8) 碘液:取 2 g 碘、4 g 碘化钾,溶于 1 000 ml 蒸馏水中,贮存于棕色瓶中。

(9) 淀粉酶液:取市售多酶片 12 片,于研钵中研碎,加蒸馏水 100 ml 使其溶解,最后用蒸馏水稀释至 1 000 ml,冷藏备用。

(10) 冰箱制作冰块适量。

2. 器材 胶头滴管、微量移液器、刻度吸管、试管、试管架、电热恒温水浴箱、冰箱、烧杯等。电热恒温水浴箱分别准备 37 ℃恒温水浴、100 ℃沸水浴。

三、实训步骤

1. 温度对酶促反应的影响

(1) 取试管 3 支,编号,每管加入 2 ml pH6.8 缓冲液,1 ml 1%淀粉溶液(淀粉溶液不要黏附于液面以上管壁)。

(2) 同时将第一管置 37 ℃恒温水浴,第二管置 100 ℃水浴,第三管置冰浴(冰水混合浴)。

(3) 5 分钟后,分别向各管加入淀粉酶液 0.5 ml,再放回原温度处。

(4) 10 分钟后,分别向各管(第二管待冷却后)滴加碘液 1 滴,观察三管颜色的区别并记录。

2. pH 对酶促反应的影响

(1) 取 3 支试管,编号按表 7-1 操作(淀粉溶液不要黏附于液面以上管壁):

表 7-1 pH 对酶促反应的影响

管号	pH 为 3.0 的缓冲液(ml)	pH 为 6.8 的缓冲液(ml)	pH 为 8.0 的缓冲液(ml)	1%淀粉(ml)	淀粉酶液(ml)
1	2	0	0	1	0.5
2	0	2	0	1	0.5
3	0	0	2	1	0.5

(2) 将 3 管混匀置 37 ℃恒温水浴。

(3) 5～10 分钟后,取出各管,分别加入 1 滴碘液,观察 3 管颜色区别并记录。

3. 激活剂与抑制剂对酶促反应的影响

(1) 取 4 支试管,编号按表 7-2 操作(淀粉溶液不要黏附于液面以上管壁)。

表 7-2　激活剂与抑制剂对酶促反应的影响

管号	pH 为 6.8 的缓冲液(ml)	1%淀粉液(ml)	蒸馏水(ml)	0.9%NaCl(ml)	0.1%CuSO₄(ml)	0.1%Na₂SO₄(ml)	淀粉酶液(ml)
1	2	1	1	0	0	0	0.5
2	2	1	0	1	0	0	0.5
3	2	1	0	0	1	0	0.5
4	2	1	0	0	0	1	0.5

(2) 将 4 管置 37 ℃恒温水浴。

(3) 5～10 分钟后,取出各管,分别加入 1 滴碘液,观察 4 管颜色区别并记录,说明第 4 支试管的作用。

四、实训注意事项

1. 加入酶液后,要充分摇匀,保证酶液与全部淀粉液接触反应,得到理想的颜色梯度变化。

2. 取混合液前,应将试管内溶液充分混匀,取出试液后,立即放回试管中一起保温。

3. 市售多酶片的酶活性有所不同,配制前需做预备实验,以取得较好的实验效果。

 思考题

1. 低温对酶有什么影响?

2. 什么是酶的最适温度及其应用意义?

3. 什么是酶反应的最适 pH? 对酶活性有何影响?

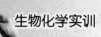

知识拓展

酶是一种活性蛋白质。因此,一切对蛋白质活性有影响的因素都影响酶的活性,如温度、pH、酶液浓度、底物浓度、酶的激活剂或抑制剂等。例如在酿酒生产中,大曲和麸曲的酶活性,在低温干燥的条件下,可以得到良好的保存。在制备米曲汁糖液时,要求尽快糖化,其最适温度可控制在55~60℃;如用于白酒发酵,发酵期可长达4~5天乃至数月。酿酒中为保持酶活性作用的持久,必须坚持低温入池,低温发酵醇。pH可改变底物的带电状态,从而影响底物分子与酶的结合。各种酶的特异性表明,酶的活性中心只能结合带某种电荷的离子,包括正电、负电或两性电荷。例如,胃蛋白酶只作用蛋白质的正电离子;胰蛋白酶只作用蛋白质的负电离子;而木瓜蛋白酶只作用蛋白质的两性离子,所以,木瓜蛋白酶最适pH和它的等电点相同,pH为5~6。

考核评分标准

【影响酶活性的因素实训评分标准】

班级: 　　　　姓名: 　　　　学号: 　　　　得分:

项　目		分值	操作实施要点		得分
课前素质要求(6分)		6	按时上课,着装整洁并穿工作服,有实训预习报告		
操作过程	操作前准备(8分)	4	对照实验指导,检查所需试剂是否齐全		
		4	实验器材准备:齐全、完好		
	操作中(60分)	8	温度对酶促反应的影响	操作规范	
		6		实验现象明显、结果正确	
		6		能正确解释实验现象	
		8	pH对酶促反应的影响	操作规范	
		6		实验现象明显、结果正确	
		6		能正确解释实验现象	
		8	激活剂与抑制剂对酶促反应的影响	操作规范	
		6		实验现象明显、结果正确	
		6		能正确解释实验现象	
	操作后整理(6分)	6	台面整理,仪器清洗,器材洗净归位		
评价(20分)		20	态度认真,姿势自然,操作流畅		
总　分		100			

(陈传平)

实训八　肝中酮体生成作用

实训预习

1. 预习甘油三酯的分解代谢相关内容。
2. 预习酮体生成及利用的特点。

实训目的

1. 掌握通过实验验证肝脏是合成酮体的主要器官。
2. 熟悉组织化学对比实验的方法。
3. 了解匀浆制备的基本方法。

实训内容

一、实训相关知识

在肝脏中,脂肪酸 β-氧化不完全,经常生成乙酰乙酸、β-羟丁酸和丙酮,这三者称为酮体。酮体是机体代谢的中间产物,在正常情况下,其产量甚微;患糖尿病时,机体大量动员脂肪氧化,肝组织生成酮体的量会超过肝外组织利用率,便可出现酮尿症、酮血症,导致酸中毒。

本实验以丁酸为底物,与新鲜肝匀浆(含有生成酮体的酶系)保温后可形成酮体。酮体可与含亚硝基铁氰化钠的酮体试剂反应产生紫红色化合物,而经同样处理的肌肉匀浆则不产生酮体,故不产生显色反应。

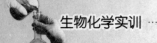

二、实训用物

1. 试剂

（1）pH 为 7.6 的 0.1 mol/L 磷酸盐缓冲液：取 1.235 g Na_2HPO_4、0.156 g NaH_2PO_4 加蒸馏水溶解定容至 100 ml。

（2）罗氏溶液：称取 0.9 g NaCl、0.42 g KCl、0.024 g $CaCl_2$、0.1 g 葡萄糖加蒸馏水溶解定容至 100 ml，放冰箱保存备用。

（3）0.5 mol/L 丁酸溶液：44 g 正丁酸溶于 0.1 mol/L NaOH 溶液中，并用 0.1 mol/L NaOH 溶液稀释至 100 ml。

（4）酮体试剂：1 份亚硝酸铁氰化钠、5 份 $(NH_4)_2SO_4$、5 份 Na_2CO_3，置研钵中研成均匀的细末，密封保存备用。

（5）乙酰乙酸溶液：13 g 乙酰乙酸放入大烧杯中，0.2 mol/L NaOH 溶液 500 ml，待完全溶解后移入棕色瓶中保存。临用前用蒸馏水作 1:40 稀释后使用。

2. 器材　试管、试管架、电热恒温水浴箱、冰箱、烧杯、匀浆机、手术剪、研钵、微量移液器等。电热恒温水浴箱准备 37 ℃恒温水浴。

三、实训步骤

1. 制备肝匀浆与肌匀浆　处死小白鼠，取肝脏与双侧大腿肌肉剪碎，分别放入两研钵内，各加生理盐水 5 ml（逐渐加入），研成匀浆，最后以 4 倍量的生理盐水稀释，混匀，制成匀浆（注意制备过程不要相互污染！）。

2. 按表 8-1 操作：

表 8-1　肝匀浆与肌匀浆的制备

管号	1	2	3	4	5	6
pH 为 7.6 磷酸盐缓冲液(ml)	1.0	1.0	1.0	1.0	0	0
罗氏溶液(ml)	1.0	1.0	1.0	1.0	0	0
0.5 mol/L 丁酸(ml)	2.0	0	2.0	0	2.0	0
蒸馏水(ml)	0	2.0	0	2.0	3.0	3.0
乙酰乙酸溶液(ml)	0	0	0	0	0	2.0
肝匀浆(ml)	1.0	1.0	0	0	0	0
肌匀浆(ml)	0	0	1.0	1.0	0	0

以上各管混匀，放 37 ℃水浴 30 分钟，再取出，每管加入约 0.1 g 酮体试剂，轻轻摇匀，立即观察结果并记录，解释 1 至 6 号管的作用。

四、实训注意事项

1. 匀浆必须新鲜且浓度不能太稀,否则酶活性太低影响结果。
2. 肝脏、肌肉组织中的血液应尽量洗净。
3. 显色粉必须干燥保存,一旦受潮会导致实验失败。

 思考题

1. 观察各管颜色有何差异,并给予解释。

2. 为什么脂肪酸在肝内正常中间代谢产生的酮体量很少? 在什么情况下血中酮体含量升高,甚至导致酮症酸中毒?

知识拓展

　　医学实验研究表明，常摄入高蛋白、低糖饮食的人，能使体内脂肪酸分解代谢明显增强，致使血中一种酸性较强的物质——"酮体"含量增加。"酮体"中的一种挥发性物质——"丙酮"，能从呼吸道呼出并带来一种"烂苹果"的怪气味。这种情况亦可伴随着饥饿而产生（因为饥饿时脂肪酸分解代谢增强），通常发生在早晨，尤其是不吃早餐的人，也会呼出这种怪气味。另外酮症酸中毒患者尿酮一般为阳性，临床采用与本次实验原理类似的干试纸法进行检测。

考核评分标准

【肝中酮体生成作用实训评分标准】

班级：　　　　　姓名：　　　　　学号：　　　　　得分：

项　目		分值	操作实施要点		得分
课前素质要求(6分)		6	着装整洁并穿工作服，有实训预习报告		
操作过程	操作前准备(8分)	4	对照实验指导，检查所需试剂是否齐全(如果缺少未报告扣1分)		
		4	实验器材准备：齐全、完好		
	操作中(60分)	10	肝匀浆正确制备		
		10	肌匀浆正确制备		
		20	对照验证实验	操作规范、步骤正确(每错一步扣2分)	
		10		实验现象明显、结果正确(每错一试管扣2分)	
		10		能正确解释实验现象(每错一试管扣2分)	
	操作后整理(6分)	6	台面整理，仪器清洗，器材洗净归位		
	评价(20分)	20	态度认真，姿势自然，操作流畅		
总　分		100			

（陈传平）

实训九　转氨基作用

实训预习

1. 预习体内氨基酸的代谢概况。
2. 预习转氨基作用的原理。

实训目的

1. 掌握通过实验验证体内氨基酸的氨基转移作用。
2. 熟悉离心机的使用以及组织化学对比实验的方法。
3. 了解肝脏中丙氨酸氨基转移酶(ALT)活性高。

实训内容

一、实训相关知识

丙氨酸与 α-酮戊二酸在 pH 7.4 时,经丙氨酸氨基转移酶(ALT)催化进行氨基转移作用,生成丙酮酸和谷氨酸,反应过程如下:

$$
\begin{array}{c}
COOH \\
| \\
C=O \\
| \\
CH_2 \\
| \\
CH_2 \\
| \\
COOH
\end{array}
\; + \;
\begin{array}{c}
COOH \\
| \\
CHNH_2 \\
| \\
CH_3
\end{array}
\;\underset{}{\overset{ALT}{\rightleftharpoons}}\;
\begin{array}{c}
COOH \\
| \\
CHNH_2 \\
| \\
CH_2 \\
| \\
CH_2 \\
| \\
COOH
\end{array}
\; + \;
\begin{array}{c}
COOH \\
| \\
C=O \\
| \\
CH_3
\end{array}
$$

丙酮酸与 2,4-二硝基苯肼作用,生成丙酮酸-2,4-二硝基苯腙,后者在碱性环境呈棕红

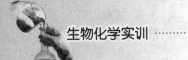

色,颜色深浅表示 ALT 酶活力大小。

二、实训用物

1. 试剂

(1) ALT 底物液:取 1.78 g DL-丙氨酸,29.2 mg α-酮戊二酸。将两种物质先溶于 10 ml 的 1 mol/L NaOH 中,溶解后用 1 mol/L HCl 调节 pH 至 7.4,再加 pH 为 7.4 的缓冲液至 100 ml,加氯仿数滴防腐,置冰箱保存。

(2) 2,4-二硝基苯肼:取 20 mg 2,4-二硝基苯肼溶于 1 mol/L HCl 100 ml 中。

(3) pH 为 7.4 的缓冲液:精确量取 80.8 ml 的 0.1 mol/L Na_2HPO_4,19.2 ml 的 0.1 mol/L KH_2PO_4,混匀即成。

(4) 0.4 mol/L NaOH:用 1 mol/L NaOH 溶液稀释配制。

2. 器材
试管、试管架、电热恒温水浴箱、冰箱、烧杯、匀浆机、手术剪、研钵、微量移液器等。电热恒温水浴箱准备 37 ℃恒温水浴。

三、实训步骤

1. 将家兔处死后,立即取出肝和肌肉,分别以冰生理盐水洗去血液。取 10 g 肝和肌肉,分别剪碎,逐步加入 pH 为 7.4 的缓冲液 10 ml 研碎,研成匀浆后再加 pH 为 7.4 缓冲液 20 ml 混匀,置离心机中,3 000 rmp 离心 5 分钟,上清液即为肝和肌肉浸提液(注意制备过程不要相互污染)。

2. 取 3 支试管编号,按表 9-1 操作。

表 9-1 验证体内氨基酸的氨基转移作用

加入物(ml)	1	2	3
蒸馏水	0.5	0	0
肝浸液	0	0.5	0
肌肉浸液	0	0	0.5
ALT 底物液	0	1.0	1.0
混匀,置 37 ℃水浴 30 分钟			
2,4-二硝基苯肼	1.0	1.0	1.0
ALT 底物液	1.0	0	0
混匀,置 37 ℃水浴 20 分钟			
0.4 mol/L NaOH	5.0	5.0	5.0

室温放置 5 分钟,分光光度计调 505 nm 波长,用 1 管调零,测 2、3 管的吸光度,记录结果并比较两管吸光度的大小。

四、实训注意事项

1. 为了保证实验的成功,实验试剂也可选用赖氏法测定 ALT 的相关试剂盒。

2. 如果两管的吸光度都比较大(大于 1.0),说明酶活性太高,可将两种浸液同时用 pH 为 7.4 的缓冲液稀释 10 倍后,再按上表操作,结果更便于比较。

思考题

1. 比较 2 号及 3 号管的吸光度,说明哪种组织 ALT 活性高。

2. 转氨基作用有哪些生理意义?

知识拓展

　　谷氨酸和天门冬氨酸广泛存在于哺乳类动物的中枢神经系统中,又称为兴奋性氨基酸。国外学者1951年就发现,谷氨酸和天门冬氨酸对大脑皮质细胞有强烈的兴奋作用。目前已证实谷氨酸和天门冬氨酸是哺乳类动物中枢神经系统的递质。谷氨酸由三羧酸循环的中间产物α—酮戊二酸通过转氨酶的转氨基作用生成。神经末梢兴奋时,囊泡内的谷氨酸以胞裂外排的形式释放。释放至突触间隙内的谷氨酸在激活受体的同时向周围弥散,大部分被毗邻的胶质细胞摄取,其余部分被突触前神经末梢摄取,迅速终止其作用。调味品谷氨酸钠(味精),给幼年动物及儿童大剂量口服,可破坏神经元,特别是位于血脑屏障区域的神经元,如调节内分泌的下丘脑弓状核,导致复杂的内分泌缺乏综合征。

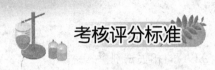

考核评分标准

【转氨基作用实训评分标准】

班级：　　　　　姓名：　　　　　学号：　　　　　得分：

项　目	分值	操作实施要点		得分
课前素质要求(6分)	6	着装整洁并穿工作服，有实训预习报告		
操作过程 操作前准备(8分)	4	对照实验指导，检查所需试剂是否齐全		
	4	实验器材准备是否齐全、完好		
操作中(60分)	10	肝和肌肉正确研磨及匀浆		
	10	肝和肌肉浸提液正确离心与制备		
	20	对照验证实验	操作规范、步骤正确(每错一步扣2分)	
	10		实验现象明显、结果正确(每错一试管扣2分)	
	10		能正确解释实验现象(每错一试管扣2分)	
操作后整理(6分)	6	台面整理，仪器清洗，器材洗净归位		
评价(20分)	20	态度认真，姿势自然，操作流畅		
总　分	100			

（陈传平）

实训十 血清尿酸的测定

实训预习

1. 预习血清尿酸代谢的来源和去路。
2. 预习 721 型分光光度计的使用方法。

实训目的

1. 掌握磷钨酸还原法测定尿酸的原理及注意事项。
2. 规范地进行尿酸测定,正确地使用分光光度计。
3. 了解血清尿酸测定的临床意义。

实训内容

一、实训相关知识

尿酸是嘌呤分解代谢的最终产物,由肾脏随尿液排出体外,尿酸通常以其钾、钠等盐类形式排泄于尿中。健康成人体内尿酸含量约为 1.1 g,其中约 15% 存在于血液中,血液中尿酸经肾小球过滤后,大部分由肾小管重吸收,尿酸是血浆中主要非蛋白氮类代谢产物之一。在正常生理情况下血清尿酸含量相对稳定,但在病理情况下,含量常常发生变动,例如痛风、肾病、高尿酸血等都会引起尿酸异常。因此尿酸的检测和分析对临床诊断、了解病情进展有重要参考价值。

二、实训原理

去蛋白血滤液中的尿酸在碱性溶液中,还原磷钨酸生成钨蓝、尿囊素和二氧化碳。在一定范围内,蓝色的钨蓝的生成量与尿酸浓度成正比,通过测定反应生成的钨蓝在 660 nm 波长的吸

光值,计算血清尿酸的浓度。

$$尿酸+磷钨酸 \xrightarrow{OH^-} 尿囊素+钨蓝$$

三、实训用物

1. 仪器 离心管、离心机、分光光度计。

2. 试剂 磷钨酸应用液(16 mmol/L)、钨酸试剂、碳酸钠溶液、300 μmol/L 尿酸标准应用液、去离子水。

四、实训步骤

按表 10-1 操作。

表 10-1 血清尿酸的测定

加入物(ml)	空白管	标准管	测定管
去离子水	0.5	—	—
尿酸标准应用液	—	0.5	—
血清	—	—	0.5
钨酸试剂	4.5	4.5	4.5
混匀,室温 5 分钟,3 000 r/min 离心 10 分钟			
空白管上清液	2.5	—	—
标准管上清液	—	2.5	—
测定管上清液	—	—	2.5
碳酸钠溶液	0.5	0.5	0.5
混匀后静置 10 分钟			
磷钨酸应用液	0.5	0.5	0.5

加入磷钨酸后迅速混匀,静置 20 分钟后,波长 660 nm 处,以空白管调零,读取各管吸光值。

$$血清尿酸(\mu mol/L) = \frac{A_{测}}{A_{标}} \times 30$$

临床参考范围:男为 149~416 μmol/L;女为 80~357 μmol/L。

五、实训注意事项

1. 非特异性还原性物质大多存在于红细胞中,因此血液标本采集后,要立即分离红细胞,以血浆或血清为测定样品并无明显干扰。蛋白质的巯基和酚羟基能使磷钨酸还原为蓝色,并产生混浊,故需制备无蛋白滤液。血液标本不能用草酸钾作抗凝剂,因草酸钾与磷钨酸会形成不溶性的磷钨酸钾而导致显色液混浊。

2. 用钨酸制备无蛋白血滤液时,滤液 pH 过低,可引起尿酸沉淀。如滤液 pH 小于 3 时,尿酸回收率将减低。用半量沉淀剂,滤液 pH 在 3.0～4.3,回收率为 93%～103%;用全量沉淀剂时,滤液 pH 在 2.4～2.7,回收率为 74%～97%。

3. 尿酸在水中溶解度极低(0.006 g/100 ml,37 ℃),易溶于碱性碳酸盐或磷酸盐溶液中,所以,配制标准液时加入碳酸锂并加热助溶。如无碳酸锂可用碳酸钠或碳酸钾代替。

4. 严格掌握比色时间,在加入磷钨酸溶液放置 20 分钟后,应在 30 分钟内比色完毕。

六、实训要点

按照上述操作方法测量血清尿酸浓度,注意各离心管在加入试剂前一定要编号,加入试剂时按表操作,确保每管加样量的准确;在加入磷钨酸试剂后,要立即混匀,放置 20 分钟后要立即比色测定,要求在 30 分钟内完成;在使用分光光度计时不可将试剂溅入仪器中。

思考题

1. 体内尿酸的来源有哪些?为什么高尿酸有原发性和继发性的不同?这对临床防治有什么启发?

2. 尿酸测定的临床应用有哪些?

知识拓展

磷钨酸还原法线性范围可达 892.5 μmol/L,但特异性不高,易受一些非尿酸还原性物质干扰。葡萄糖、谷胱甘肽、维生素 C、半胱氨酸、色氨酸、酪氨酸等能使结果偏高 17.8～29.3 μmol/L。谷胱甘肽是血液中干扰最大的物质,当浓度为 1.3 mmol/L 时可使尿酸增高 41.65 μmol/L,药物左旋多巴浓度达 100 mg/L,可使结果假性升高 136.85 μmol/L。

考核评分标准

【血清尿酸的测定评分标准】

班级: 　　　　姓名: 　　　　学号: 　　　　得分:

项　　目		分值	操作实施要点	得分
课前素质要求(10分)		10	按时上课,着装整洁并穿白大褂,有实训预习报告	
操作过程	操作前准备(10分)	10	正确选择所需的材料及设备,正确洗涤	
	操作中(50分)	5	正确地将离心管编号	
		10	按照实验操作的表格要求正确地加入试剂	
		10	正确使用离心机	
		10	正确使用分光光度计	
		10	正确、及时记录实验的现象、数据	
		5	计算血清尿酸浓度	
	操作后整理(10分)	10	按要求清洁仪器设备、实验台,摆放好所用试剂	
评价(20分)		10	上课态度认真,实验操作流畅,实验台面整洁	
		10	实验报告工整,项目齐全,结论准确,并能针对结果进行分析讨论	
总　　分		100		

(陶文娟)

实训十一 聚合酶链式反应及产物鉴定

实训预习

1. 预习 DNA 复制的特点。
2. 预习 PCR 扩增仪的工作原理。

实训目的

1. 掌握 PCR 反应的原理及技术。
2. 熟悉 PCR 反应体系的制备及反应程序设置。
3. 能通过琼脂糖凝胶电泳图谱分析 PCR 产物。

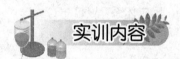

实训内容

一、实训相关知识

聚合酶链式反应(polymerase chain reaction,PCR),又称为 PCR 扩增技术,是一种高效快速的体外 DNA 聚合程序。利用 PCR 技术可在短时间内获得数百万个特异的 DNA 序列的拷贝,从而大大提高对 DNA 分子的分析和检测能力。PCR 技术在分子克隆、遗传病的基因诊断等方面得到了广泛的应用。

二、实训原理

PCR 扩增 DNA 的原理是:以拟扩增的 DNA 分子为模板,以一对分别与模板 5′末端和 3′末端互补的寡核苷酸片段为引物 p_1、p_2,在 DNA 聚合酶的作用下,按照半保留复制的机制沿着模板链延伸直至完成新的 DNA 合成,重复这一过程,即可使目的 DNA 片段得到扩增,如图 11 - 1

所示。

图 11－1　PCR 扩增 DNA

PCR 反应分为三步：① 变性：在高温条件下，DNA 双链解离形成单链 DNA；② 退火：当温度突然降低时引物与其互补的模板在局部形成杂交链；③ 延伸：在 DNA 聚合酶、dNTPs 和 Mg^{2+} 存在的条件下，聚合酶催化以引物为起始点的 DNA 链延伸反应。以上三步为一个循环，每一循环的产物可以作为下一个循环的模板，几个循环之后，介于两个引物之间的特异性 DNA 片段得到了大量复制，数量可达到 $10^6 \sim 10^7$ 个拷贝。使用 PCR 法的前提条件是：已知待扩增目的基因或 DNA 片段两侧的序列，根据该序列化学合成聚合反应必需的引物。

三、实训用物

1. 仪器　PCR 扩增仪、电泳仪、电泳槽、紫外光检测仪、微量加样器、Eppendorf 管。
2. 材料　含目的 DNA 的基因 human CRH，长度为 272 bp。

引物：①上游引物 5′ AGAGAGCGTCAGCTTATTAGGC 3′
　　　②下游引物 5′ ATGTTAGGGGCACTCGCTTCC 3′

DNA Marker：分子量为 5 000,3 000,2 000,1 000,750,500,250,100 bp

四、实训步骤

1. PCR 反应体系的制备　在 0.2 ml Eppendorf 管内配制 50 μl 反应体系(表 11－1)。

表 11－1　PCR 反应体系的制备

试剂	用量(μl)
双蒸水	32
10×PCR 缓冲液(buffer)	5
25 mmol/L $MgCl_2$	5
0.05 mmol/L 上游引物	1
0.05 mmol/L 下游引物	1
2.5 mmol/L dNTP	4
DNA 模板	1
Tag DNA 聚合酶	1
反应总体积	50

2. 设定 PCR 的扩增程序

95 ℃	预变性 5 分钟
94 ℃	变性 60 秒
55 ℃	退火 60 秒 } 循环 30 次
72 ℃	延伸 90 秒
72 ℃	补充延伸 10 分钟

上述程序可在 PCR 扩增仪中设定（图 11-2）。PCR 扩增仪按照设置的程序进行循环反应，循环结束后，停机取出 PCR 反应管；如果不能立即取出，可事先设置程序使 PCR 仪停止在 4 ℃，将 PCR 产物保存。

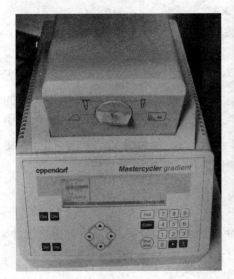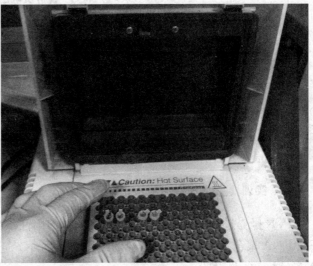

图 11-2　PCR 扩增仪及 PCR 反应管

3. PCR 产物鉴定　采用琼脂糖凝胶电泳法。配制浓度为 1% 的琼脂糖凝胶，在制胶板时，加入微量的溴乙啶（E. B，5 μg/ml）作为 PCR 产物显影的荧光试剂。溴乙啶可插入 DNA 双链结构中，在一定波长的紫外光下能观察到橘红色荧光带。取 10 μl DNA 扩增产物电泳，已知长度的 DNA Marker（已知分子量标志物）同时电泳，通过与之比较条带所在位置，可判断 PCR 产物是否符合预计的扩增长度（图 11-3）。

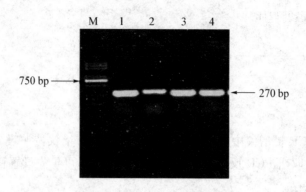

图 11-3 **PCR 产物电泳图**

M:DM2000 plus Marker;1、2、3、4 为 PCR 产物

五、实训注意事项

要扩增模板 DNA,首先要设计两条寡核苷酸引物。所谓引物,实际就是两段与待扩增的
DNA 序列互补的寡核苷酸片段,两引物间的距离决定扩增片段的长度,两引物的 5′端决定扩增
产物的两个 5′末端位置。由此可见,引物是决定 PCR 扩增片段长度、位置和结果的关键,引物
设计也就很重要。引物设计是否合理可用 PCRDESN 软件进行计算机检索来核定。

六、实训要点

PCR 操作过程中常见问题是得不到预计的阳性条带。要从反应体系的配制、引物的设计、
Tag DNA 聚合酶及扩增程序参数的设置一系列环节进行检查和分析。检查 PCR 产物需要用
DNA Marker 作对照。

1. PCR 扩增过程与生物体内 DNA 的复制过程有何区别?

2. 设计 PCR 反应的引物遵循的原则有哪些? 如何设计热循环程序?

知识拓展

　　PCR 技术已成为一种常用的分子生物学技术,广泛应用于目的基因的制备等几乎所有的分子生物学领域。到目前为止 PCR 方法已有十几种,如逆转录 PCR(RT‐PCR)、PCR 产物限制性片段长度多态性分析(PCR‐RFLP)等。RT‐PCR 主要用于制备 cDNA,研究基因表达及功能;PCR‐RFLP 是一种以 PCR 技术为基础的检测碱基突变的基因分析技术,可用于遗传疾病的诊断。

考核评分标准

【PCR 操作评分标准】

班级:　　　　　　　姓名:　　　　　　　学号:　　　　　　　　　得分:

项　目		分值	操作实施要点	得分
课前素质要求(10分)		10	按时上课,着装整洁并穿白大褂,有实训预习报告	
操作过程	操作前准备(10分)	10	正确选择所需的材料及设备	
	操作中(60分)	10	正确配制 PCR 反应体系	
		10	正确设计 PCR 扩增程序	
		10	正确使用 PCR 扩增仪	
		10	正确配制琼脂糖凝胶	
		10	正确使用电泳仪	
		5	正确、及时记录实验的现象、数据	
		5	判断 PCR 扩增产物大小	
	操作后整理(10分)	10	按要求清洁仪器设备、实验台,摆放好所用试剂	
评价(10分)		5	上课态度认真,实验操作流畅,实验台面整洁	
		5	实验报告工整,项目齐全,结论准确,并能针对结果进行分析讨论	
总　分		100		

(陶文娟)

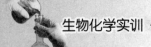

实训十二　血清总钙的测定

实训预习

1. 预习人体钙的含量与分布情况。
2. 预习 721 型分光光度计的使用方法。

实训目的

1. 掌握甲基百里香酚蓝比色法测定血清钙的基本原理及注意事项。
2. 规范地使用试剂盒测定血清钙,正确地使用分光光度计。
3. 了解血清钙正常参考值范围和测定血清钙的生理意义。

实训内容

一、实训相关知识

正常成人血浆中约含钙 2.2 mmol/L,血钙包括离子钙和结合钙两种形式。发挥生理作用的是离子钙,但临床实验室测定的大多数是总钙含量。血钙的测定方法很多,一般可分为总钙测定和离子钙测定法。测定总钙的方法包括原子吸收光谱法、分光光度法和络合滴定法等。原子吸收光谱法是最常用的准确测定血浆总钙含量的参考方法,但费用昂贵,不适于常规工作;分光光度法中以甲基百里香酚蓝比色法和偶氮胂Ⅲ比色法最常用;络合滴定法简便易行,但判断终点受主观因素影响,有被淘汰趋势。离子选择电极法测定离子钙已在临床广泛应用。

甲基百里香酚蓝比色法测定原理:血清中的钙离子在碱性溶液中与甲基百里香酚蓝(MTB)结合,生成一种蓝色的络合物,其颜色深浅与钙浓度成正比,通过在 610 nm 波长处测定吸光度,与同样处理的钙标准液进行比较,求得血清总钙含量。加入适量 8-羟基喹啉,可消除

镁离子对测定的干扰。此法显色稳定,线性范围大,溶血、黄疸无干扰。

二、实训步骤

1. 血清收集、处理及保存　操作过程中使用不含热源和内毒素的试管,建议使用一次性塑料试管。收集血液后,待血液凝固,1 000×g离心10分钟将血清和红细胞迅速小心地分离,避免溶血和脂血。置2～8 ℃可稳定7天,置−20 ℃可稳定30天。

2. 测定血钙　取干净试管3支,用记号笔分别标记为:测定、标准、空白,按表12－1操作(单位:ml)。

表 12－1　血钙的测定

试剂	测定管	标准管	空白管
蒸馏水	—	—	0.05
2.5 mmol/L 钙标准溶液	—	0.05	—
待测血清	0.05	—	—
MBT 试剂	1.0	1.0	1.0
碱性溶液	2.0	2.0	2.0

充分混匀,静置5分钟后,选择波长610 nm,蒸馏水调零,读取各管吸光值$A_{610\text{ nm}}$

3. 计算

$$血清钙(mmol/L) = \frac{A_{测定管吸光值} - A_{空白管吸光值}}{A_{标准管吸光值} - A_{空白管吸光值}} \times 2.5$$

2.5 为钙标准溶液浓度。

正常参考范围:成人2.2～2.5 mmol/L;儿童2.5～3.0 mmol/L。

三、实训注意事项

1. 样品中钙含量超过5.00 mmol/L,则用生理盐水稀释后测定,结果乘以稀释倍数。

2. 所用器皿必须经过10%盐酸浸泡过夜,然后洗净烘干备用。建议使用一次性塑料器皿。清洁管加入试剂后显一致的浅灰绿色,若显蓝色则试管表示有钙污染。

3. 比色杯尽可能专用,以免污染而影响测定结果。

四、实训用物

1. 仪器　刻度移液管、试管、分光光度计。
2. 材料　血清钙测定试剂盒。

五、实训要点

按照测定试剂盒操作方法测量血清钙浓度,注意各试管在加入试剂前一定要编号,加入试

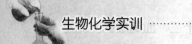
剂时按表操作,确保每管加样量的准确。试剂使用后立即关紧瓶盖,避免污染,影响测定结果。

 思考题

1. 血清钙浓度升高的原因有哪些? 血清钙浓度降低的原因有哪些?

2. 目前临床上测定血清钙的方法有哪些?

 知识拓展

血清钙浓度降低常见于:①摄入不足和吸收不良:慢性脂肪性腹泻、阻塞性黄疸;②需要增加:妊娠后期及哺乳期妇女;③吸收减少:佝偻病、甲状旁腺功能减退症;④肾脏疾病:急、慢性肾衰竭、肾病综合征、肾小管性酸中毒。

血清钙浓度升高常见于:①摄入钙过多:静脉用钙过量、大量饮用牛奶等;②原发性甲状旁腺功能亢进症、肾癌等使血钙升高;③服用维生素D过多,钙吸收作用增强;④骨病:变形性骨炎、转移性骨癌、多发性骨髓瘤等,骨溶解增加。

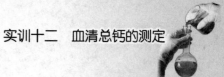

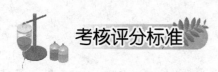 考核评分标准

【血清钙的测定评分标准】

班级：　　　　　　姓名：　　　　　　学号：　　　　　　　　得分：

项　目	分值	操作实施要点	得分
课前素质要求(10分)	10	按时上课,着装整洁并穿白大褂,有实训预习报告	
操作过程 操作前准备(10分)	10	正确选择所需的材料及设备,正确洗涤	
操作过程 操作中(50分)	5	正确地将试管编号	
操作过程 操作中(50分)	15	按照实验操作的表格要求正确地加入试剂	
操作过程 操作中(50分)	15	正确使用分光光度计	
操作过程 操作中(50分)	10	正确、及时记录实验的现象、数据	
操作过程 操作中(50分)	5	计算血清钙浓度	
操作过程 操作后整理(10分)	10	按要求清洁仪器设备、实验台,摆放好所用试剂	
评价(20分)	10	上课态度认真,实验操作流畅,实验台面整洁	
评价(20分)	10	实验报告工整,项目齐全,结论准确,并能针对结果进行分析讨论	
总　分	100		

(陶文娟)

实训十三　改良 J-G 法测定血清总胆红素和结合胆红素

实训预习

1. 预习机体胆红素的代谢及分类。
2. 预习 721(722)型分光光度计的使用方法。

实训目的

1. 掌握改良 J-G 法测定血清总胆红素和结合胆红素的基本原理及注意事项。
2. 规范正确地使用分光光度计。
3. 了解胆红素测定的生理意义。

实训内容

一、实训相关知识

血清总胆红素及结合胆红素测定的传统方法和目前仍广泛使用的方法是重氮试剂法,我国推荐其中的改良 J-G 法,但因不能自动化而使其应用受限,故而许多厂家生产甲醇法和二甲亚砜法试剂。胆红素氧化酶法具有很高的特异性和准确性,但酶制剂来源困难,价格高,使用尚很少。直接分光光度法主要用于 3 个月龄前的新生儿血清总胆红素测定,微量而快速。

二、实训原理

血清中结合胆红素可直接与重氮试剂反应,产生偶氮胆红素;非结合胆红素须有加速剂咖啡因-苯甲酸钠-醋酸钠作用,其分子内氢键破坏后才能与重氮试剂反应,也产生偶氮胆红素。本法重氮反应 pH6.5,最后加入碱性酒石酸钠使紫色偶氮胆红素(吸收峰 530 nm)转变成蓝色偶氮胆红素,在 600 nm 波长比色,使检测灵敏度提高。

三、实训试剂

1. 咖啡因-苯甲酸钠试剂 称取无水醋酸钠 41.0 g,苯甲酸钠 38.0 g,乙二胺四乙酸二钠 (EDTA - Na$_2$)0.5 g,溶于约 500 ml 去离子水中,再加入咖啡因 25.0 g,搅拌使溶解(加入咖啡因后不能加热溶解),用去离子水补足至 1 L,混匀。滤纸过滤,置棕色瓶,室温保存。

2. 碱性酒石酸钠溶液 称取氢氧化钠 75.0 g,酒石酸钠(Na$_2$C$_4$H$_4$O$_6$·2H$_2$O)263.0 g,用去离子水溶解并补足至 1 L,混匀。置塑料瓶中,室温保存。

3. 72.5 mmol/L 亚硝酸钠溶液 称取亚硝酸钠 5.0 g,用去离子水溶解并定容至 100 ml,混匀,置棕色瓶,冰箱保存,稳定期不少于 3 个月。作 10 倍稀释成 72.5 mmol/L,冰箱保存,稳定期不少于 2 周。

4. 28.9 mmol/L 对氨基苯磺酸溶液 称取对氨基苯磺酸(NH$_2$C$_6$H$_4$SO$_3$H·H$_2$O)5.0 g,溶于 800 ml 去离子水中,加入浓盐酸 15 ml,用去离子水补足至 1 L。

5. 重氮试剂 临用前取上述亚硝酸钠溶液 0.5 ml 和对氨基苯磺酸溶液 20 ml,混匀即成。

6. 5.0 g/L 叠氮钠溶液。

7. 胆红素标准液

(1)目前一般用游非结合胆红素配制标准液,此标准品须用含白蛋白的溶剂配制,常用人混合血清,对此血清的要求如下:

收集无溶血、无黄疸、无脂浊的新鲜血清,混合,必要时用滤菌器过滤。取过滤后的血清 1 ml,加入新鲜 0.154 mmol/L NaCl 溶液 24 ml,混合。在 414 nm 波长,1 cm 光径,以 0.154 mmol/L NaCl 溶液调零点,其吸光度应小于 0.100;在 460 nm 的吸光度应小于 0.04。

(2)配制标准液的胆红素须符合下列标准:纯胆红素的氯仿溶液,在 25 ℃ 条件下,光径 (1.000±0.001) cm,波长 453 nm,摩尔吸光系数应在 60 700±1 600 范围内;改良 J-G 法偶氮胆红素的摩尔吸光系数应在 74 380±866。

(3)胆红素标准贮存液(171 μmol/L):准确称取符合要求的胆红素 10 mg,加入二甲亚砜 1 ml,用玻璃棒搅拌,使成混悬液。加入 0.05 mol/L 碳酸钠溶液 2 ml,使胆红素完全溶解后,移入 100 ml 容量瓶中,以稀释用血清洗涤数次并入容量瓶中,缓慢加入 0.1 mol/L 盐酸 2 ml,边加边摇(勿用力摇动,以免产生气泡)。最后以稀释用血清定容。配制过程中应尽量避光,贮存容器用黑纸包裹,置 4 ℃ 冰箱 3 天内有效,但要求配后尽快作标准曲线。

四、实训步骤

1. 样品的测定 按表 13-1 操作。

表 13-1 改良 J-G 法

加入物(ml)	总胆红素管	结合胆红素管	对照管
血清	0.2	0.2	0.2
咖啡因-苯甲酸钠试剂	1.6	—	1.6
对氨基苯磺酸溶液	—	—	0.4
重氮试剂	0.4	0.4	—
每加一种试剂后混匀,总胆红素管置室温 10 分钟,结合胆红素管置 37 ℃ 1 分钟			
叠氮钠溶液	—	0.05	—
咖啡因-苯甲酸钠试剂	—	1.55	—
碱性酒石酸钠溶液	1.2	1.2	1.2

混匀后,波长 600 nm,对照管调零,读取吸光度,在标准曲线上查出相应的胆红素浓度。

2. 标准曲线制作　按表 13-2 稀释胆红素贮存液。

表 13-2　系列胆红素标准液的配制

加入物(ml)	管号				
	1	2	3	4	5
胆红素标准贮存液	0.4	0.8	1.2	1.6	2.0
稀释用血清	1.6	1.2	0.8	0.4	—
相当于胆红素浓度(μmol/L)	34.2	68.4	103	137	171

混匀(不可产生气泡),按总胆红素测定法操作。每一浓度作 3 个平行管,并分别做标准对照管,用各自的标准对照管调零,读取标准管的吸光度。配制标准液用的溶剂血清中尚有少量胆红素,同样测定后得一吸光度值。每个标准管的吸光度值均应减去此吸光度,然后与相应胆红素浓度绘制标准曲线。

五、实训注意事项

1. 胆红素对光敏感,标准液及标本均应尽量避光保存。

2. 轻度溶血对本法无影响,但严重溶血时可使测定结果偏低。

3. 叠氮钠能破坏重氮试剂,终止偶氮反应。凡用叠氮钠作防腐剂的质控血清,可引起偶氮反应不完全,甚至不呈色。

4. 本法测定血清总胆红素,在 10~37 ℃条件下不受温度变化的影响。呈色在 2 小时内非常稳定。

5. 标本对照管的吸光度一般很接近,若遇标本量很少时可不作标本对照管,参照其他标本

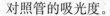

对照管的吸光度。

6. 胆红素大于 342 μmol/L 的标本可减少标本用量,或用 0.154 mmol/L NaCl 溶液稀释血清后重测。

7. 结合胆红素测定在临床上应用很广,但至今无候选参考方法,国内也无推荐方法。

8. 精密度　正常浓度时精密度较差,特别是批间 CV,据报道为 14％～20％;而胆红素 342 μmol/L 时,精密度佳,批内 CV 为 0.95％,批间 CV 为 5％～10％。

9. 重氮反应法测定胆红素,也可用甲醇(M－E 法)或二甲亚砜等作加速剂,可做成单一试剂,反应 pH 和显色 pH 都在酸性,560 nm 波长比色,易于自动化。但灵敏度比改良 J-G 法略低,M－E 法摩尔吸光系数为 60 500,Hb 干扰较明显,Hb＞1 g/L 时,需用样品空白校正。

10. 本法灵敏度高,且可避免其他有色物质的干扰,是测定血清总胆红素的参考方法,但不能自动化分析是其缺点。

思考题

1. 体内引起胆红素升高及降低的原因有哪些?

2. 试述标准曲线绘制过程的注意事项。

 知识拓展

黄疸是由于胆色素代谢障碍,血浆中胆红素含量增高,使皮肤、巩膜、黏膜等被染成黄色的一种病理变化和临床表现。正常血清总胆红素含量在 17.1 $\mu mol/L$ 以下,当超过 34.2 $\mu mol/L$ 时,临床上出现黄疸。若胆红素的浓度已超过正常范围,而临床上未表现出黄疸,称为隐性黄疸。

黄疸是肝功能不全的一种重要的病理变化,但并非所有的黄疸均为肝功能障碍引起的肝细胞性黄疸,还有红细胞破坏过多引起的溶血性黄疸以及肝外胆管阻塞引起的阻塞性黄疸。

若是小儿黄疸,可分为生理性黄疸和病理性黄疸。①生理性黄疸:新生儿出生后 2～3 天,一些新生儿的皮肤会出现发黄的情况,到出生第 7 天时,发黄最明显,这叫新生儿生理性黄疸。新生儿黄疸一般非常轻微,如果宝贝的精神非常好,吃奶也正常,那么这属于正常的生理情况,不需要治疗,一般 8～10 天会自行消退。②病理性黄疸:如果新生儿的黄疸出现的时间早,在生理性黄疸减退后又重新出现且颜色加深,同时伴有其他症状,就可能是病理性黄疸。它的症状为皮肤发黄,白眼球、泪水和尿液有时也呈黄色,如果新生儿精神倦怠、哭声无力、不吃奶时,应尽快去医院检查。

 考核评分标准

【改良 J-G 法测定血清总胆红素和结合胆红素评分标准】

班级:　　　　　姓名:　　　　　　学号:　　　　　得分:

项　目		分值	操作实施要点	得分
课前素质要求(6分)		6	着装整洁并穿白大褂,有实训预习报告	
操作过程	操作前准备(4分)	4	正确准备实验所需的器材、试剂、坐标纸等物品	
	操作中(60分)	6	试管编号正确	
		8	按照实验操作的表格要求正确地加入试剂	
		6	总胆红素和结合胆红素的温浴时间把握正确	
		8	正确使用 721(722)型分光光度计	
		8	正确、及时记录实验的现象、数据	
		8	绘制标准曲线数据采集正确	
		8	标准曲线的绘制过程正确	
		8	能通过标准曲线查的实验结果	
	操作后(10分)	10	台面整理,仪器清洗,实验物品归位	
评价(20分)		20	态度认真,姿势自然,操作流畅	
总　分		100		

(杜　江)

实训十四　血清胆固醇含量的测定

实训预习

1. 预习机体胆固醇的代谢。
2. 预习 721 型分光光度计的使用方法。

实训目的

1. 掌握酶法测定血清胆固醇的基本原理及注意事项。
2. 规范地使用试剂盒测定血清胆固醇，正确地使用分光光度计。
3. 了解血清胆固醇测定的生理意义。

实训内容

一、实训相关知识

　　血清胆固醇的测定是评价机体血脂代谢的主要指标之一，血清胆固醇测定包括血清中的胆固醇酯和游离胆固醇，所以临床上也称为血清总胆固醇的测定。反映体内血脂代谢的指标除了胆固醇以外还有甘油三酯、高密度脂蛋白、低密度脂蛋白、载脂蛋白等测定。

　　血清总胆固醇测定方法分为化学法和酶法两大类。化学法一般包括：抽提、皂化、毛地黄皂苷沉淀纯化、显色和比色四个阶段。代表性的方法有 Abell - Kendall 法。目前临床上常用的是胆固醇氧化酶法。

二、实训原理

　　血清中总胆固醇（TC）包括游离胆固醇（free cholesterol，FC）和胆固醇酯（cholesterol es-

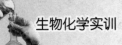

ter,CE)两部分。血清中胆固醇酯可被胆固醇酯酶水解为游离胆固醇和游离脂肪酸(FFA),胆固醇在胆固醇氧化酶的氧化作用下生成△4-胆甾烯酮和过氧化氢,H_2O_2 在 4-氨基安替比林和酚存在时,经过氧化物酶催化,反应生成苯醌亚胺非那腙的红色醌类化合物,其颜色深浅与标本中 TC 含量成正比。

三、实训用物

721(722)型分光光度计、水浴箱、血清总胆固醇测定试剂盒等。

四、实训步骤

取试管 3 支,按表 14-1 操作。

表 14-1 酶法测定 TC

加入物	空白管	标准管	测定管
血清(μl)	—	—	10
标准液(μl)	—	10	—
蒸馏水(μl)	10	—	—
酶试剂(μl)	1 000	1 000	1 000

混匀后,37 ℃保温 5 分钟,用分光光度计比色,于 500 nm 波长处以空白管调零,读出各管吸光度。

$$结果计算:血清 TC = \frac{A_{测定管}}{A_{标准管}} \times 胆固醇标准液浓度$$

五、实训注意事项

1. 试剂中酶的质量影响测定结果。

2. 若需检测游离胆固醇浓度,将酶试剂成分中去掉胆固醇酯酶即可。

3. 检测标本可为血清或者血浆(以肝素或 EDTA-K_2 抗凝)。

4. 本方法线性范围为≤19.38 mmol/L。

5. 本方法特异性好,灵敏度高,既可用于手工操作,也可自动化分析;既可作终点法检测,也可作速率法检测。

6. 血红蛋白高于 2 g/L 时引起正干扰;胆红素高于 0.1 g/L 时有明显负干扰;血中维生素 C 与甲基多巴浓度高于治疗水平时,会使结果降低。高 TG 血症对本法无明显影响。

7. 检测 TC 的血清(浆)标本密闭保存时,在 4 ℃可稳定 1 周,−20 ℃可稳定半年以上。

思考题

1. 体内胆固醇升高及降低的原因有哪些?

2. 目前临床上反映体内脂类代谢紊乱的指标有哪些?

知识拓展

1. 体内总胆固醇增高　常见于动脉粥样硬化、原发性高脂血症(如家族性高胆固醇血症、家族性 ApoB 缺陷症、多源性高胆固醇血症、混合性高脂蛋白血征等)、糖尿病、肾病综合征、胆总管阻塞、甲状腺功能减退、肥大性骨关节炎、老年性白内障和牛皮癣。

2. 体内总胆固醇降低　常见于低脂蛋白血症、贫血、败血症、甲状腺功能亢进、肝脏疾病、严重感染、营养不良、肠道吸收不良和药物治疗过程中溶血性黄疸及慢性消耗性疾病,如癌症晚期等。

 考核评分标准

血清总胆固醇的测定评分标准

班级：　　　　姓名：　　　　学号：　　　　得分：

项　目		分值	操作实施要点	得分
课前素质要求(10分)		10	按时上课,着装整洁并穿白大褂,有实训预习报告	
操作过程	操作前准备(10分)	10	正确准备实验所需的器材、试剂等物品	
	操作中(50分)	10	试管编号正确	
		10	按照实验操作的表格要求正确地加入试剂	
		10	正确使用 721(722)型分光光度计	
		10	正确、及时记录实验的现象、数据	
		10	正确计算血清总胆固醇的含量	
	操作后整理(10分)	10	按要求清洁仪器设备、实验台,所用物品还原	
评价(20分)		10	上课态度认真,实验操作流畅,实验台面整洁	
		10	实验报告完整,项目齐全,并能针对结果进行分析讨论	
总　分		100		

（杜　江）

实训十五　血清葡萄糖含量测定

实训预习

1. 预习机体血糖的代谢。
2. 预习 721 型分光光度计的使用方法。

实训目的

1. 掌握葡萄糖氧化酶法测定血糖的基本原理及注意事项。
2. 规范地使用试剂盒测定血糖,正确地使用分光光度计。
3. 了解血糖测定的生理意义。

实训内容

一、实训相关知识

血糖测定是临床监测体内糖代谢紊乱最主要的方式,也是诊断糖尿病的主要指标之一。血糖测定包括空腹血糖、随机血糖及餐后血糖等,以空腹血糖应用最多。

血糖测定的方法有很多种,包括氧化还原法、缩合法及酶法,氧化还原法及缩合法由于特异性、灵敏度及操作过程繁琐等原因现已被淘汰,临床上主要以酶法测定为主,在酶法测定中又包括葡萄糖氧化酶法和己糖激酶法,其中己糖激酶法准确性及特异性均较高,但其试剂成本较高,其应用也受到一定的限制,目前临床测定血糖的主要方法为葡萄糖氧化酶法,该法也是卫生部临床检验中心推荐的方法。

二、实训原理

葡萄糖氧化酶能催化葡萄糖氧化成葡萄糖酸,并产生过氧化氢(H_2O_2)。H_2O_2 在过氧物酶

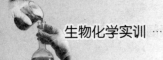

(POD)作用下分解为水和氧,并使无色的还原型 4-氨基安替吡啉与酚偶联缩合成红色琨类化合物,即 Trinder 反应。红色琨类化合物的生成量与葡萄糖含量成正比。与同样处理的葡萄糖标准液进行比较,可计算出标本中葡萄糖含量。

$$葡萄糖+O_2+2H_2O \xrightarrow{GOD} 葡萄糖酸+2H_2O_2$$

$$2H_2O_2+4-氨基安替吡啉+酚 \xrightarrow{POD} 红色醌类化合物+2H_2O$$

三、实训用物

721(722)型分光光度计、水浴箱、血糖试剂盒等。

四、实训步骤

取试管 3 支,按表 15-1 操作。

表 15-1　葡萄糖氧化酶法测定血糖

加入物(ml)	空白管	标准管	测定管
血清	—	—	0.02
葡萄糖标准液	—	0.02	—
蒸馏水	0.02	—	—
工作液	2.0	2.0	2.0

混匀,置 37 ℃水浴中,保温 10 分钟,在波长 505 nm、比色杯光径 1 cm 比色,以空白管调零,读取标准管及测定管吸光度。

$$葡萄糖含量=\frac{测定管吸光度}{标准管吸光度}\times 葡萄糖标准液浓度(5.55\ mmol/L)$$

五、实训注意事项

1. 葡萄糖氧化酶对 β-D-葡萄糖高度特异,溶液中的葡萄糖约 36% 为 α 型,64% 为 β 型。葡萄糖的完全氧化需要 α 型到 β 型的变旋反应。新配制的葡萄糖标准液主要是 α 型,故需要放置 2 小时以上(最好过夜),待变旋平衡后方可应用。有些商品试剂盒含有变旋酶。

2. 葡萄糖氧化酶法可直接测定脑脊液葡萄糖含量,但不能直接测定尿液葡萄糖含量。因为尿液中尿酸等干扰物浓度过高,可干扰过氧化物酶反应,造成结果假性偏低。

3. 测定标本以草酸钾-氟化钠为抗凝剂的血浆较好。

4. 本法用血量很少,加样应准确,并吸取试剂反复冲洗吸管,以保证结果可靠。

5. 严重黄疸、溶血及乳糜样血清应先制备无蛋白血滤液,然后再进行测定。

6. 本试验测定葡萄糖特异性高,从原理反应式中可知第一步是特异反应,第二步特异性较差。误差往往发生在反应的第二步。一些还原性物质如尿酸、维生素 C、胆红素和谷胱甘肽等,可与色原性物质竞争过氧化氢,从而消耗反应过程中所产生的过氧化氢,产生竞争抑制,使测定结果偏低。市售试剂含有抗干扰成分,能有效排除干扰。

思考题

1. 血糖升高及降低的原因有哪些?

2. 目前临床上测定血糖的方法有哪些?

1. **高血糖症**　空腹血糖浓度超过 7.0 mmol/L,称高血糖症。若血糖浓度高于肾糖阈值 9.0 mmol/L,则出现尿糖。高血糖症有生理性和病理性之分:

(1) 生理性高血糖:如高糖饮食后 1~2 小时、情绪激动等引起交感神经兴奋或应激情况等可致血糖暂时升高。

(2) 病理性高血糖:①各型糖尿病;②其他内分泌系统疾病,如垂体前叶功能减退、肾上腺皮质功能亢进、甲状腺功能亢进、嗜铬细胞瘤等;③应激性高血糖,如颅脑损伤、颅内压增高、脑卒中等引起颅内压升高刺激血糖中枢;④脱水引起的血液浓缩,如呕吐、腹泻、高热等。临床上最常见的病理性高血糖症是糖尿病。

2. **低血糖症**　血糖浓度低于 2.8 mmol/L,称低血糖症。引起低血糖的原因复杂,主要有:

(1) 生理性或暂时性低血糖:如饥饿和剧烈运动。

(2) 病理性低血糖:可见于胰岛 β 细胞增生或肿瘤引起的胰岛素分泌过多;对抗胰岛素的激素分泌不足,如垂体、肾上腺皮质或甲状腺功能减退而使生长激素、肾上腺素、甲状腺素分泌减少;严重肝病使肝的生糖作用降低或肝糖原储存缺乏,肝脏不能有效地调节血糖。

3. **药物的影响**　某些药物可以诱导血糖升高或降低。①引起血糖升高的药物有:噻嗪类利尿药、避孕药、口服儿茶酚胺、吲哚美辛、咖啡因、甲状腺素、肾上腺素等；②使血糖降低的药物：降糖药、致毒量阿司匹林、乙醇、胍乙啶、普萘洛尔等。

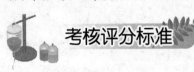

考核评分标准

【血糖的测定评分标准】

班级： 姓名： 学号： 得分：

项　目		分值	操作实施要点	得分
课前素质要求(5分)		5	按时上课,着装整洁并穿白大褂,有实训预习报告	
操作过程	操作前准备(5分)	5	正确准备实验所需的器材、试剂等物品	
	操作中(60分)	5	试管编号正确	
		15	按照实验操作的表格要求正确地加入试剂	
		20	正确使用 721(722)分光光度计	
		10	正确、及时记录实验的现象、数据	
		10	计算血糖浓度	
	操作后整理(10分)	10	按要求清洁仪器设备、实验台,所用物品还原	
评价(20分)		10	上课态度认真,实验操作流畅,实验台面整洁	
		10	实验报告完整,项目齐全,并能针对结果进行分析讨论	
总　分		100		

（闫　波）

附录　人体常见生化指标及正常参考范围

序号	项目名称	英文缩写	单位	参考值
1	血清前白蛋白	PA	mg/L	180～390
2	总蛋白	TP	g/L	60～85
3	白蛋白	ALB	g/L	35～55
4	球蛋白	GLB	g/L	20～30
5	总胆红素	TBIL	μmol/L	1.7～21
6	直接胆红素	DBIL	μmol/L	0～6.8
7	间接胆红素	IBIL	μmol/L	0～20
8	丙氨酸氨基转移酶	ALT	U/L	0～60
9	天冬氨酸氨基转移酶	AST	U/L	0～60
10	谷氨酰转肽酶	GGT	U/L	11～50
11	碱性磷酸酶	ALP	U/L	40～150
12	淀粉酶	AMY	U/L	0～96
13	乳酸脱氢酶	LDH	U/L	109～245
14	肌酸激酶	CK	U/L	24～194
15	尿素	BUN	μmol/L	1.7～8.2
16	肌酐	CRE	μmol/L	40～106
17	尿酸	UA	μmol/L	208～428
18	葡萄糖	GLU	μmol/L	3.9～6.1
19	总胆固醇	TC	μmol/L	3.35～5.7
20	甘油三酯	TG	μmol/L	0.45～1.81
21	高密度脂蛋白胆固醇	HDL	μmol/L	1.16～1.42
22	低密度脂蛋白胆固醇	LDL	μmol/L	0～4.11
23	载脂蛋白 A_1	ApoA$_1$	g/L	0.9～1.6
24	载脂蛋白 B	ApoB	g/L	0.6～1.1
25	钾	K	μmol/L	3.5～5.5
26	钠	Na	μmol/L	135～145
27	氯	CL	μmol/L	96～108
28	钙	Ca	μmol/L	2.25～2.75
29	磷	P	μmol/L	0.81～1.55
30	二氧化碳结合力	CO_2CP	μmol/L	22～31
31	总胆汁酸	TBA	μmol/L	0～10

 主要参考文献

[1] 陈电容. 生物化学与生化药品实验. 北京:化学工业出版社,2007

[2] 王晓利. 生物化学技术. 北京:中国轻工业出版社,2007

[3] 潘文干. 生物化学. 第6版. 北京:人民卫生出版社,2009

[4] 王易振,李清秀. 生物化学. 北京:人民卫生出版社,2009

[5] 阎瑞君. 生物化学. 第2版. 上海:上海科学技术出版社,2010

[6] 黄平. 生物化学. 北京:人民卫生出版社,2004

[7] 黄诒森. 生物化学. 第4版. 北京:人民卫生出版社,2002

[8] 高国全. 生物化学. 第2版. 北京:人民卫生出版社,2006

[9] 何旭辉. 生物化学. 第2版. 北京:人民卫生出版社,2010

[10] 李学玲. 常用药物新编. 北京:人民卫生出版社,2008

[11] 钱士匀. 临床生物化学检验实验指导. 第4版. 北京:人民卫生出版社,2004

[12] 卫生部医政司. 全国临床检验操作规程. 第3版. 南京:东南大学出版社,2006.

[13] 段满乐. 生物化学检验实验指导. 北京:人民卫生出版社,2010